하루요리

도토리대장 지음

재담

차례

요리 준비

자주 쓰는 양념, 조미료

레시피에서 자주 쓰이고, 있으면 유용하게 쓸 수 있는 조미료들.

간장

진간장, 양조간장은
서로 대체 가능.
(기능면에서 거의 똑같음)

소고기다OI다

소고기맛의 감칠맛 조미료.
익숙한 만큼 편하게 쓰기 좋다.
맛이 강한 편이라 조금만 넣어도
요리 간을 맞춰 준다.

굴소스

특유의 달큰함이 있다.
재료를 볶을 때 사용하면
풍미가 좋다.
맛이 진하고 강한 편이라
조금씩 사용한다.

참치액

국물 요리에 주로 사용.
특유의 감칠맛이 있고,
활용도가 높다.
참치의 풍미 때문에
쯔유 대신 사용하기 좋다.

연O

샐러드나 채소 위주의
요리에 쓰기 좋은 조미료.
다른 조미료에 비해 특유의 향이 없고,
맛이 깔끔하다.

카레가루

살짝 매콤하며
향긋한 감칠맛을 더해 준다.
다양한 향신료가 들어 있기 때문에
맛과 향이 풍부! 잡내를 잡을 때도 좋다.

토마토 스파게티소스

토마토 베이스 요리에 넣으면
토마토의 진한 맛을 더해 준다.
토마토 외에 다른 감칠맛을 가지고 있어
활용도가 높다.

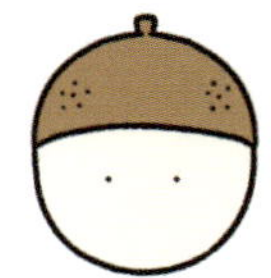

주로 하는 숟가락 계량법

큰술(밥숟가락)
가장 많이 쓰는 계량도구
(약 10~15g)

1/2큰술(약 8g)
숟가락에 절반 정도 차는 양

1큰술(약 10g)
숟가락을 다 채우는 양
(높게 올라오지 않는 정도)

1큰술 듬뿍(약 15g)
숟가락을 다 채우고
소복하게 올라온 양

작은술(찻숟가락=티스푼)
양념이 조금만 필요할 때 쓴다.
(약 3~5g)

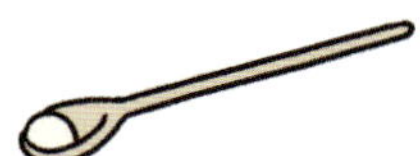

1/2작은술(약 3g)
숟가락에 절반 정도 차는 양

1작은술(약 5g)
숟가락을 다 채우는 양
(높게 올라오지 않는 정도)

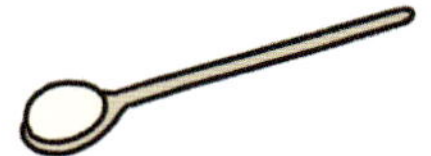

1작은술 듬뿍(약 8g)
숟가락을 다 채우고
소복하게 올라온 양

한 꼬집은
이렇게 엄지와 검지,
중지로 잡아준다.
(약1g)

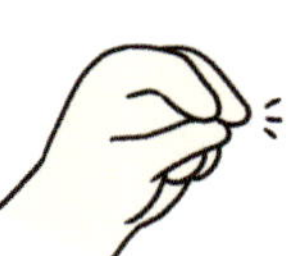

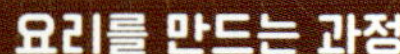

1. 계획형 - 먹고 싶은 요리를 정한다.

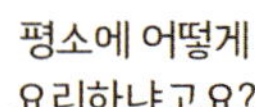

2. 점지형 - 갑자기 잘 어울릴 것 같은
조합이 떠오른다.

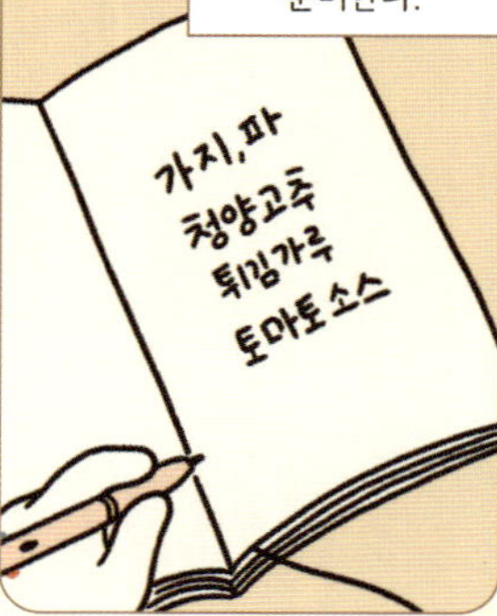

순서와 계획을
정하고 하는 편이지만
1.
2.
3.
4.
가지 손질,
소스 배합, 가지 튀기기,
소스 만들기 순서…

생각한 조합에 맞춰
즉흥적으로
만드는 것도 좋다.
이렇게 넣으면
맛있겠지?

맛있어야
할 텐데…
치이익

냠

맛있다!

만든 요리는 우선
맛있게 먹고, 레시피를
차근차근 정리해 둔다.

또 해 먹어야지.
우물
우물
그럼 이제 본격적으로
레시피 탐험을
해 봅시다!

제2장

밥

01 스O마요덮밥

재료

스O 1통
달걀 1개
양파 1/4개
마요네즈
간장 3큰술
설탕 1/2작은술
물 3큰술

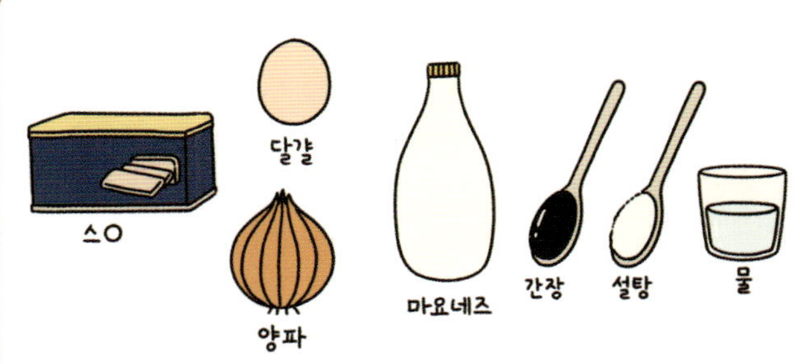

스O마요덮밥

양파 1/4개를 얇게 채 썬다.

소스는 채 썬 양파에
간장 3큰술, 설탕 1/2작은술, 물 3큰술을 넣고
전자레인지에 40초 돌린다.
(20초씩 나눠서 돌리기)

밥 위에 만들어 둔 소스와
볶은 달걀, 스O을 올린다.

마요네즈를 원하는 만큼
뿌리면 완성!

스O+달걀+마요네즈의
조합이 잘 어울린다.

재료를 바꿔
다양한 마요덮밥으로
응용해도 좋다.
(치킨, 참치 등)

도토리대장의 레시피 소개 저는 원래 마요네즈를 안 좋아했는데 이걸 해 먹고 난 뒤로 마요네즈를 좋아하게 됐어요! 스O이랑 마요네즈, 달걀, 거기에 달콤 짭짤한 간장소스가 참 잘 어울리고, 들이는 시간과 노력에 비해 맛이 좋답니다. 이 간장소스는 여러 덮밥소스로 응용할 수도 있어요. 그리고 치킨을 넣으면 치킨마요, 참치를 넣으면 참치마요가 됩니다! 또, 소스를 만들 때 양파를 안 넣어도 되긴 하지만 전 양파를 좋아해서 소스 만들 때에도 양파를 넣고 밥 위에도 소스 안에 있는 양파를 건져 넣어요ㅎㅎ 자취할 적에 다 못 먹고 남긴 치킨이나 애매하게 남은 통조림 햄을 처리할 때 유용하게 쓴 레시피입니다.

김치볶음밥

재료

햄 1/3 (원하는 재료)
김치 1/2공기*
간장 1/2큰술
설탕 1/2작은술
김칫국물 2큰술
식용유 3큰술
다진 마늘 1/2큰술
밥 1공기
굴소스 1작은술

*공기는 밥그릇 기준.

준비한 햄을 작게 깍둑썰기한다.

잘게 썬 김치 1/2공기에
간장 1/2큰술, 설탕 1/2작은술,
김칫국물 2큰술을 넣는다.

팬에 식용유 2큰술을 두르고
중불로 달군 뒤, 다진 마늘과
통조림 햄을 넣어 볶는다.
햄이 약간 익었을 때 섞어 둔 김치를 넣고
2분 정도 볶는다.

볶은 김치에 밥 1공기를 넣고
잘 섞은 다음 굴소스 1작은술을 넣고
계속 볶는다.

밥과 김치가 잘 섞이게 볶으면 완성.

노른자를 살짝 익힌
달걀프라이와 잘 어울린다.

김치만 넣어도 괜찮지만
다른 재료를 넣으면
또 다른 맛이 나서 좋다.

도토리대장의 레시피 소개 김치볶음밥은 자취할 때 해 먹을 게 없으면 후다닥 하던 음식 중 하나였어요. 주로 1인분만 해 먹었지만 가끔 많이 만들어서 소분해 놓기도 좋은 메뉴예요. 잘 익은 김치를 쓰면 사실 양념을 별로 안 해도 맛있더라고요. 김치볶음밥은 워낙 사람들마다 만드는 방식이 천차만별이라 제가 제일 편하고 맛있게 먹었던 이 방법으로 해 먹습니다. 전 항상 요리를 한 번 해 보고 그 뒤론 제 입맛으로 바꿔 만들어 보면서 먹기 좋은 방법으로 고치거든요.(단맛을 줄인다든지, 뭔가 더 추가를 한다든지…) 요리는 익숙해지면 자기가 하고 싶은 대로 해 먹을 수 있어서 좋아요. 그래서 더 재밌는 거 같습니다.

03 닭고기덮밥

짭짤하고 촉촉해서 맛있는

재료

닭정육 두 덩이
소금 두 꼬집
후추 약간
대파 초록 부분 2가닥,
흰 부분 1/3토막
양파 1/2개
간장 2큰술 반
물 3큰술
참치액 1큰술 반
설탕 1/2작은술
식용유 2큰술
달걀 1개

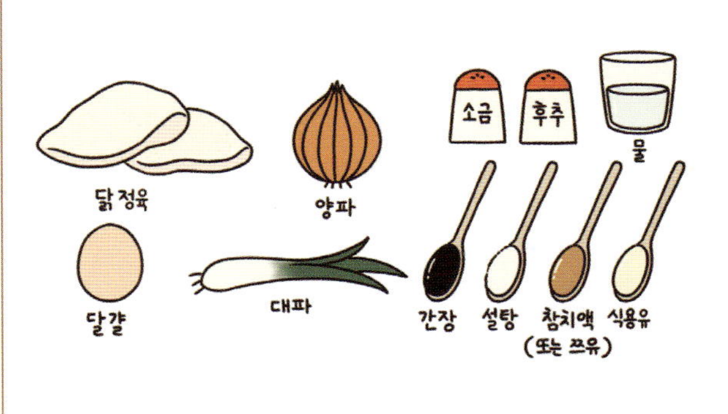

닭고기덮밥

닭고기와
달걀을 넣고 덮밥을
만들어 봤다.

한입 크기로 자른 닭고기에 소금 두 꼬집, 후추 약간을 뿌려 양념한다. 준비한 대파와 양파는 채 썰어 준비한다.

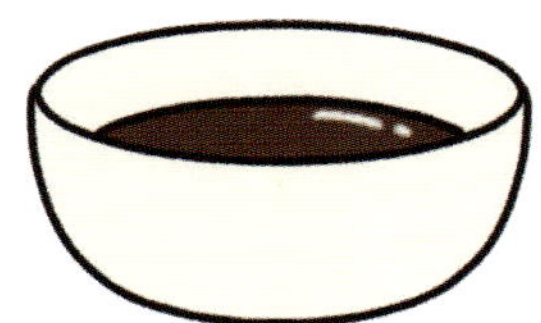

간장 2큰술 반, 물 3큰술, 참치액 1큰술 반,
설탕 1/2작은술을 섞어 양념장을 준비한다.

식용유 2큰술을 두른 팬에
양파를 넣어 중약불로 볶다가
파와 양념한 닭고기를 넣고 볶는다.

닭고기의 겉면이 하얗게 되면 양념을 부어
계속 끓인다. 양념이 끓기 시작하면
2~3분 정도 더 끓인 뒤, 달걀을 풀어서 붓고
달걀이 익을 때까지 끓인다.

밥 위에 양념을 올리면 완성.

도토리대장의 레시피 소개 한 그릇으로 한 끼를 때우기에 좋은 덮밥입니다. 닭고기는 닭다리살, 안심, 가슴살 등 취향에 맞게 쓰면 되는데요. 개인적으론 안심이 취향이었어요. 닭고기는 보통 작은 두 덩이를 쓰면 딱 맞습니다. 참치액은 쯔유를 대신해 쓴 조미료인데 활용도가 높아요. 국이나 양념, 다른 반찬 종류에 감칠맛을 더해 준답니다. 다○다와 연○의 장점을 합쳐 놓은 듯한 느낌으로, 참치 향이 나서 쯔유를 대체할 만합니다. 비린 맛이 덜하고 쯔유보다 짠맛이 덜해 좀더 순한맛이 나더라고요. 쯔유를 좋아한다면 쯔유 1큰술을 넣으면 됩니다!(전 없어서 참치액을 썼습니다…) 그리고 양파의 달큰한 맛이 짭짤한 양념과 잘 어울려요. 고기와 달걀, 파, 양파의 조합으로 맛이 풍부하고 감칠맛도 올라옵니다. 고기와 달걀이 들어가니 양도 다른 덮밥에 비해 많은 듯하고, 배도 든든해요.

대패삼겹덮밥

대파 1/2가닥,
양파 1/2개를 썰어 준비한다.

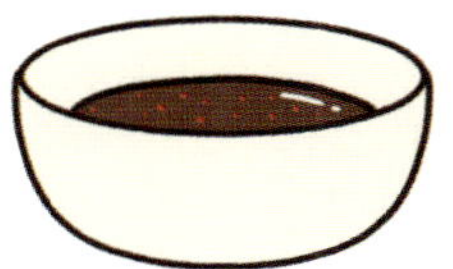

간장 3큰술, 다진 마늘 1작은술,
설탕 1작은술, 고춧가루 1/2작은술,
물 3큰술을 넣어 양념장을 만든다.

달군 팬에 대패삼겹살 80g을 볶다가
후추를 뿌린 뒤에
썰어 둔 대파와 양파를 넣고 볶는다.

대패삼겹살이 어느 정도 익으면
양념장을 넣고 중약불에서
양념이 자작해질 때까지 볶는다.

밥 위에 볶은 고기와 노른자를 올리면 완성.

도토리대장의 레시피 소개 간단하면서도 든든하고, 맛있게 먹고 싶을 때 해 먹기 좋은 대패삼겹덮밥이에요. 자취할 때도 대패삼겹살을 사면 한 번은 꼭 이런 덮밥으로 해 먹었답니다. 짭짤한 간장 양념과 대패삼겹살이 밥이랑 잘 어울리고, 노른자까지 올리면 고소함이 배가 되어 더 맛있어요. 고기를 단순히 구워 먹는 방식에 질렸을 때, 이런 덮밥으로 해 먹으면 색다르고 좋은 거 같아요! 대패삼겹살은 얇아서 양념만 넣고 졸이듯 볶으면 간이 딱 맞는데요. 만약 더 두꺼운 삼겹살을 사용한다면 소금 한 꼬집 정도를 뿌려 굽다가 양념을 넣고 중약불에 졸이듯 구우면 타지 않고 맛있게 먹을 수 있어요. 대파나 양파 둘 중 하나를 넣으면 맛이 풍부해지니, 하나는 꼭 넣는 걸 추천합니다. 전 양파를 넣는 게 좋더라고요. 청양고추를 조금 다져 넣어도 매콤하고 맛있으므로 매운 걸 좋아한다면 양념이 살짝 끓기 시작할 때 고추를 넣어 주면 돼요~

재료

양배추 한 움큼
식용유 2큰술
다진 마늘 1작은술
간장 2큰술
밥 1공기
후추 약간
고춧가루 두 꼬집

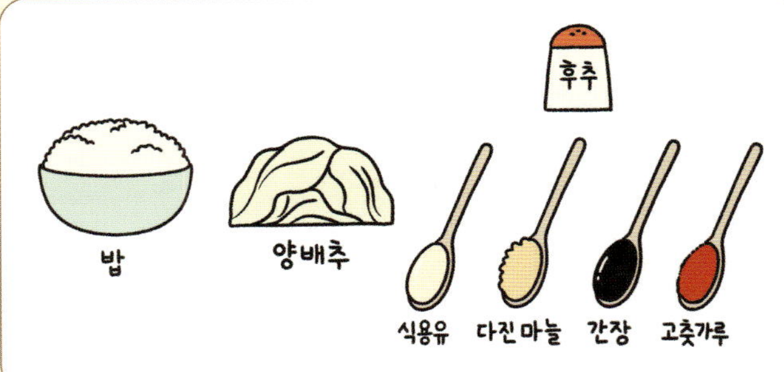

양배추 한 움큼을 잘게 썬다.

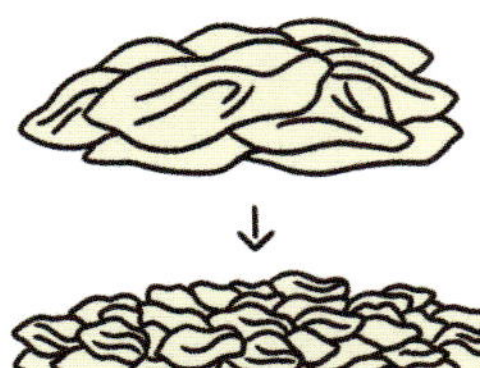

중불로 달군 팬에 식용유 2큰술을 두르고
양배추를 노릇하게 볶는다.

도토리대장의 레시피 소개 혼자 자취할 때 양배추 반 통을 사면 꽤 오래 먹을 수 있었죠. 양배추 처리 겸 손쉽게 해 먹을 수 있는 음식이에요. 밥 1/2공기에 양배추를 더 넣어 볶아도 맛있어요. 저는 밥이 부족할 땐 그렇게 해 먹었습니다ㅎㅎ 양배추를 잘게 다지듯이 써는 게 포인트예요. 그럼 밥과 잘 섞여서 골고루 씹히고 간도 잘 배어서 더 맛있거든요. 중간중간 양배추 씹히는 맛이 꽤 좋습니다. 최대한 수분을 없애듯이 볶아야 노릇하고 적당한 불맛이 나요. 마늘을 넣어 살짝 알싸하고, 슴슴한 맛이 생각보다 중독성 있답니다. 마늘은 금세 잘 타니까 주의해 주세요. 그리고 고춧가루와 후추를 넣는 편이 더 맛있으니 꼭 둘 다 넉넉히 뿌려 주세요.

풍성하고 든든한
돼지고기조림덮밥

재료

달걀 1개
청경채 2뿌리
대파 초록 부분 1/2가닥
간장 2큰술
굴소스 1/2큰술
참치액 1/2큰술
설탕 1/2큰술
물 7큰술
삼겹살 한 줄
소금 한 꼬집
후추 약간

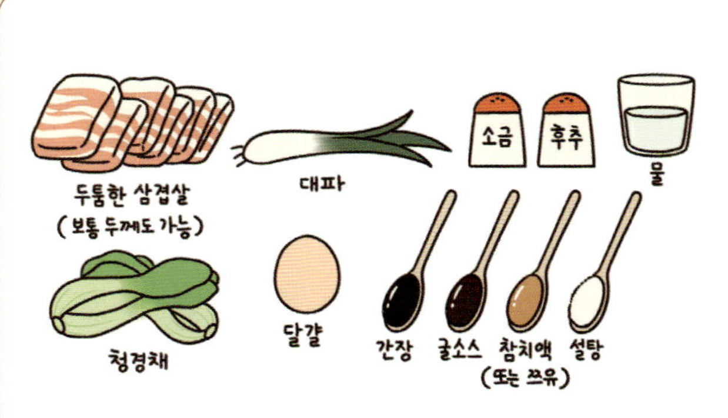

돼지고기조림덮밥

고기조림과 청경채,
달걀을 올려
풍성하게 만들었다.

달걀 1개와 청경채 2뿌리를 각각 삶아
찬물에 헹군다.
(달걀은 7분, 청경채는 1~2분)

대파의 초록 부분을
1/2가닥 정도 썰어 둔다.

간장 2큰술, 굴소스 1/2큰술,
참치액 1/2큰술, 설탕 1/2큰술,
물 7큰술을 섞어 소스를 만든다.

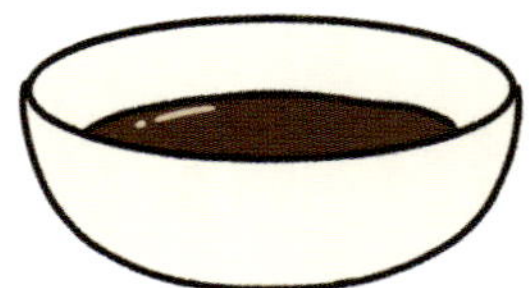

두툼한 삼겹살에 소금 한 꼬집과
후추 약간을 뿌리고
겉면을 노릇하게 굽는다.

만들어 둔 양념을 넣고
양념이 끈적해질 때까지
고기를 뒤집으며 중약불에 조린다.

밥 위에 조린 고기와
달걀, 대파, 청경채를 올리면 완성.

짭짤한 고기조림과 청경채가
잘 어울리고 밥과 먹기에 좋다.

고기조림에 겨자를
약간 얹어 먹으면 더 맛있다.

풍성하고 든든한
돼지고기조림덮밥.

도토리대장의 레시피 소개 이 요리는 보통 두께의 삼겹살로도 괜찮지만 저는 두툼한 고기를 추천합니다. 조리고 나면 좀 짭짤해서 두툼한 고기로 만들어야 덜 짜고 덜 물리거든요. 그리고 고기조림의 짠맛을 청경채와 달걀이 잡아 주니 걱정하지 않아도 됩니다! 담백하고 감칠맛 있는 청경채와 고기를 같이 먹으면 딱 맞아요. 반숙으로 삶은 달걀도 고소하니 잘 어울리고요. 그리고 중간에 대파가 한 번씩 씹힐 때마다 느끼함이 사라지고 알싸하니 맛에 포인트를 줍니다. 다른 건 몰라도 청경채는 꼭! 곁들여 주세요. 짭짤하고 풍성한 맛이라 한입 한입 먹을 때마다 온전히 즐길 수 있는 덮밥입니다. 질릴 것 같을 때 겨자를 조금 올려 먹으면 입맛을 더 돋구어 줘서 맛있더라고요. 겨자가 없으면 와사비로 대체해도 좋아요. 양념을 완전히 조려도 맛있고, 살짝 촉촉하게 남아 있는 상태도 추천합니다. 전 덮밥에 올릴 거라 좀더 조렸지만, 조릴수록 짜지기 때문에 입맛에 맞게 졸이는 시간을 늘리거나 줄여 주세요.

재료

양파 1/2개
냉동 새우 7마리
식용유 1큰술
다진 마늘 1/2큰술
굴소스 1/2큰술
생크림 200ml
카레가루 1큰술 반
후추 약간

양파 1/2개를 잘게 다진다.

냉동 새우는 물에 깨끗하게
씻어서 준비한다.

달군 팬에 식용유 1큰술을 두르고
다져 놓은 양파, 다진 마늘 1/2큰술을 넣는다.
양파가 투명해질 때까지 볶다가
새우와 굴소스 1/2큰술을 넣고
새우 표면이 옅은 분홍색이 될 때까지 볶는다.

생크림 200ml와 카레가루 1큰술 반을 넣고
살짝 걸쭉해질 때까지 끓인다.

새우가 완전히 익은 뒤,
그릇에 덜어 취향껏
후추를 뿌리면 완성.

도토리대장의 레시피 소개 전에 케이크를 만들고 남은 생크림을 활용해 만들어 봤어요! 종종 하는 요리 중 하나인데 오랜만에 먹으니 맛있더라고요ㅎㅎ 카레보단 크림이 더 많이 들어가고, 양파가 들어가기 때문에 특유의 부드럽고 달큰한 풍미가 돋보입니다. 포인트가 있다면 양파가 투명해질 때까지 중약불에 은근하게 볶아 주는 것! 그래야 양파의 감칠맛과 단맛이 더 진하게 우러나와 카레가 더욱 맛있게 됩니다. 카레가루는 고형카레를 사용하면 일반 카레가루와는 또 다른 깊은 맛이 나서 좋아요. 고형카레를 사용할 경우, 1개~1개 반 정도 넣으면 됩니다. 취향에 맞게 넣어 주세요. 냉동 새우는 얼음이 낀 경우가 많으니 물로 한 번 씻는 게 좋습니다. 그러면 겉이 살짝 녹기 때문에 다루기가 쉽고 빨리 익어요. 부드럽고 살짝 꾸덕하면서 달큰한 크림카레와 오동통한 새우의 조합은 최고랍니다ㅠㅠ! 카레는 재료를 준비하는 노력에 비해서 어떻게 해 먹어도 맛있고 활용도도 높은 거 같아요. 실패할 확률은 적고 확실하게 보장된 맛이랄까요?!

08 페퍼○치볶음밥

재료

옥수수 통조림 1통
대파 초록 부분 1가닥
소고기 70g
(불고기, 샤부샤부 용도 등)
소금 한 꼬집
후추 약간
식용유 3큰술
다진 마늘 1/2큰술
밥 1공기
간장 1큰술
다○다 1/2작은술
버터 1/2큰술

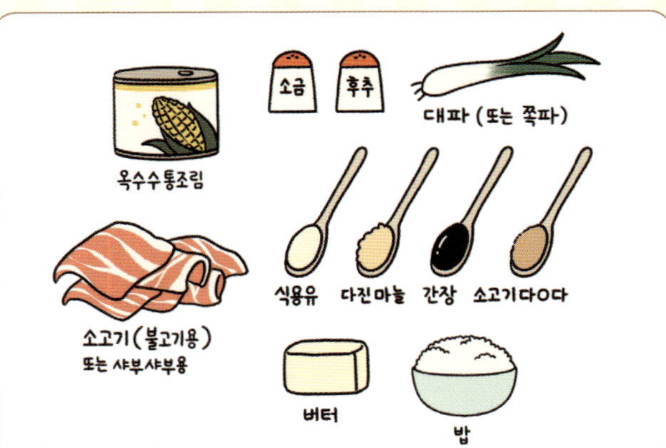

페퍼○치볶음밥

옥수수는 물기를 제거하고,
대파는 초록 부분을 잘게 썬다.

소고기 70g을 볶다가
소금 한 꼬집, 후추를 약간 뿌리고
고기가 익으면 따로 덜어 둔다.

같은 팬에 식용유 3큰술을 두르고
다진 마늘 1/2큰술을 넣어 중약불에 볶는다.

마늘이 살짝 노릇해지면
밥 1공기를 넣어 볶으면서 간장 1큰술,
소고기다○다 1/2작은술, 후추 약간을 넣고
골고루 섞으며 볶는다.

밥 색깔이 전체적으로 갈색빛이 나면 그릇에 덜어
버터 1/2큰술과 미리 준비한 옥수수, 대파를 올리고 후추를 뿌리면 완성.

후추, 버터의 풍미가 살아 있고
소고기와 옥수수, 대파가
볶음밥과 잘 어울린다.

고춧가루나 페페론치노를 넣으면
느끼함이 덜해서 질리지 않고
끝까지 맛있게 먹을 수 있다.

후추의 풍미가
입안에서 톡톡 터지는
페퍼○치볶음밥.

도토리대장의 레시피 소개 페퍼○치라는 브랜드를 최근에 알게 됐는데 철판 위에 파와 옥수수를 가득 올린 밥 주위로 소고기가 지글거리는 모양이 정말 맛있어 보이더라고요. 그런데 집 근처에 파는 곳이 없어서…'이런 느낌이지 않을까?' 하고 비슷하게 만들어 봤습니다. 철판볶음밥이지만 전 철판이 없어서 고기를 따로 볶아 볶음밥에 곁들였는데 맛있었어요! 마늘볶음밥에 파와 옥수수를 올리니 식감도 톡톡 튀고, 담백하게 볶은 소고기와 고소하면서 달콤하게 잘 어우러지는 맛이에요. 약간 느끼한가 싶으면 파와 후추의 알싸함이 맛을 잡아 줍니다. 한 그릇 요리인데도 단순하지 않고 참 조화로워요. 거기다 고소한 버터까지… 엄청 풍부한 맛이었어요. 취향에 따라 고춧가루나 페페론치노를 넣어도 좋을 것 같아요. 마늘을 좋아하면 1큰술 정도를 넣어도 되는데, 전 마늘 향이 너무 세질까 봐 1/2큰술만 넣었습니다. 간단하지만 풍성한 볶음밥! 이름에 페퍼가 들어가는 만큼 후추를 팍팍 뿌려서 만들어 보세요!ㅎㅎ 후추 짱~♡

키마카레

재료

양파 1개
다진 마늘 1/2큰술
식용유 2큰술
소금 한 꼬집
다진 돼지고기 300g
후추 약간
굴소스 1/2큰술
토마토 스파게티소스 5큰술
카레가루 3큰술 반

양파 1개를 잘게 다진 뒤,
식용유 2큰술을 두른 냄비에
다진 마늘 1/2큰술과 함께 넣어
중약불로 볶는다.

소금 한 꼬집을 넣고
양파가 죽처럼 될 때까지 볶는다.

다진 돼지고기 300g을 넣고
뭉치지 않게 잘 풀어 주며 중불에 볶는다.
이때 후추도 약간 넣어 준다.

굴소스 1/2큰술,
토마토 스파게티소스 5큰술,
카레가루 3큰술 반을 넣고
꾸덕해질 때까지 볶는다.

밥 위에 올리면 완성.

도토리대장의 레시피 소개 물 없이 만드는 진하고 꾸덕한 카레예요. 일반 카레와는 또 다른 매력이 있습니다. 카레 자체의 맛이 진하다 보니 비벼 먹는 것보다 밥이랑 같이 떠서 먹는 게 더 맛있었어요. 조금 짭짤하게 만드는 걸 추천합니다! 다른 레시피를 보니 당근이나 토마토, 셀러리 등 여러 야채가 더 들어가던데요. 저는 간단하게 양파만 넣어서 만들어 봤습니다. 제 입맛엔 양파만 넣어도 충분히 맛있었어요ㅎㅎ 대신 양파가 죽처럼 될 때까지 볶는 게 포인트이니까 꼭 중약불에 뭉근하게 볶아 주세요. 오래 걸리지 않으니 계속 저으며 볶다 보면 어느 순간 죽처럼 될 거예요! 고기는 냄비에 넣고 잘 으깨듯이 볶아 줘야 크게 뭉치지 않고 고슬고슬한 식감을 살릴 수 있습니다. 키마카레는 밥뿐만 아니라 우동 면이나 파스타 면에 올려 먹어도 잘 어울릴 것 같아요! 치즈도 함께 먹어 봤는데 정말 잘 어울렸어요! 고소한 치즈랑 진한 카레의 풍미가 더해져 감동적인 맛입니다ㅠㅠ 노른자를 올려도 잘 어울릴 거 같아요. 진한 미트소스 느낌도 나고 다진 고기의 식감이 좋은 카레입니다. 생각보다 간단해서 더 좋은 거 같아요!

오므라이스

통조림 햄 1/3통,
양파 1/3개를 잘게 썰어 준비한다.

재료

통조림 햄 1/3통
양파 1/3개
달걀 2개
물 2큰술
소금 두 꼬집
설탕 두 꼬집
후추 약간
식용유 2큰술
케첩 1큰술 반
굴소스 1작은술
밥 1공기

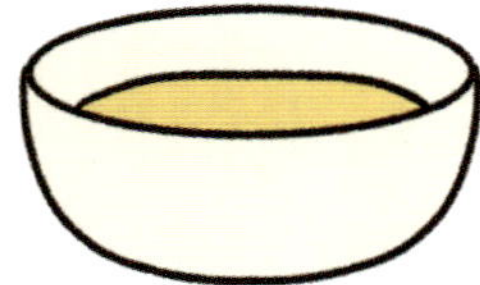

달걀 2개에 물(또는 우유) 2큰술,
소금 두 꼬집, 설탕 두 꼬집,
후추 약간을 넣어 잘 풀어 둔다.

식용유 2큰술을 두른 팬에
준비한 양파와 햄을 넣고 볶다가
케첩 1큰술 반, 굴소스 1작은술, 밥 1공기를
넣고 전체적으로 섞듯이 볶아 둔다.

밥을 볶아 덜어 둔 후,
팬을 닦고 식용유 1큰술을 두른다.
중약불을 유지하며 풀어 둔 달걀을 붓고
젓가락으로 살짝 저어 주면서 넓게 편다.

달걀이 익으면
한쪽에 볶은 밥을 올리고 반으로 접는다.

케첩을 뿌리면 완성.

도토리대장의 레시피 소개 저는 케첩을 안 좋아하지만 오므라이스는 케첩이 있어야 맛있는 거 같아요. '오므라이스'하면 '케첩'이 제일 먼저 생각나거든요ㅎㅎ '양파+케첩+달걀=오므라이스'가 딱 정석이 아닐까 싶습니다. 새콤달콤하면서 뭔가 당기는 맛이 있는 느낌. 양파가 아니어도 다른 야채를 추가로 더 넣어 먹으면 좋겠죠? 달걀지단이 얇은 것도 좋지만 집에서 먹을 때에는 달걀이 도톰하게 씹히는 게 좋더라고요. 그렇게 먹으면 정말 오믈렛에 밥 먹는 기분이 들거든요. 달걀을 완전히 익히는 게 좋다면 아랫면이 다 익었을 때 가볍게 뒤집어 주면 되는데요. 전 촉촉하게 먹는 걸 좋아해서 아랫면을 잘 익히고 윗면은 뒤집지 않은 채, 밥 위에 올려 덮습니다. 각자 취향대로 익힘 정도를 조절해서 드셔 보세요.

11 감칠맛이 좋은 토마토죽

토마토죽

쌀 1/2공기를 씻은 뒤,
찬물에 30분 정도 충분히 불린다.

토마토 2개를 뜨거운 물에
1~2분 정도 데쳐 껍질을 벗겨 잘게 썰고,
대파도 쫑쫑 썰어 둔다.

식용유 2큰술을 두른 냄비에 썰어 놓은 토마토,
대파를 넣고 중약불로 볶는다.

토마토가 살짝 뭉그러지면
소금 1작은술, 설탕 1작은술,
불린 쌀을 넣고 5분 정도 더 볶는다.

물 600ml를 넣고 약불에 저으며 끓인다.
이때 연○ 1큰술 반을 넣고,
쌀이 부드러워지면
달걀을 풀어 넣어 가볍게 섞는다.

후추를 뿌리고
잘게 썬 파를 올리면 완성.

토마토와 파가
향긋하게 잘 어울린다.

찬밥을 이용해
간단히 만들어도 좋다.

-찬밥 1/2공기   -소금, 설탕 각 1/2작은술
-물 200ml   -연○ 1큰술

도토리대장의 레시피 소개 사실 이 음식은 저희 엄마가 "토마토죽이 맛있 대~"라고 하는 말을 듣고 레시피 없이 해 봤습니다. '토마토로 죽을 만드는 게 어울 릴까?'라며 걱정 했는데, 생각보다 괜찮더라고요. 토마토달걀볶음의 응용 버전 같 기도 하고요. 그리고 토마토와 파가 생각보다 잘 어울립니다. 죽에 넣을 파를 조금 남겨서 위에 올리면 파 향이 더 잘 나서 포인트가 되는 거 같아요. 저는 개인적으로 쌀 식감이 뭉그러지게 퍼진 죽을 안 좋아해서 불린 쌀을 사용하여 밥과 죽의 중간 식 감으로 만드는 걸 선호하는데요. 밥을 이용하면 훨씬 빠르게 만들 수 있는 간단한 요리입니다. 부드러워서 먹기도 편해요. 달걀은 안 넣어도 상관없지만 넣으면 부드 럽고 맛있으니 넣는 편이 좋겠죠? 그리고 연○는 확실히 야채를 기본으로 하는 요리 랑 합이 좋은 거 같아요. 순하고 감칠맛이 나서 심심하지 않게 해 준답니다.

된장배추전골

재료

알배추 1/2통
대파 1가닥
청양고추 1개
물 700ml
육수 팩 1개
된장 1큰술 반
참치액 2큰술
다진 마늘 1/2큰술
팽이버섯 1덩이
대패삼겹살 160g
후추 약간

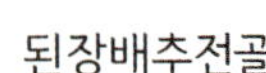

된장배추전골

된장과 알배추를
이용해 간단하게
만들어 봤다.

알배추 1/2통과 대파 1가닥을
한입 크기로 썰고
청양고추 1개를 잘게 다진다.

물 700ml에 육수 팩 1개를 넣고
20분간 끓인다.

된장 1큰술 반, 참치액 2큰술,
다진 마늘 1/2큰술을 넣고 잘 풀어 준 뒤,
계속 끓인다.

국물이 전체적으로 보글보글 끓으면
알배추를 넣고 끓인다.
알배추의 흰 부분이 반투명해지면
손질한 야채와 대패삼겹살을 넣고
후추를 적당히 뿌린 뒤, 푹 익힌다.

고기와 야채가 잘 익으면 완성.

구수하고 진한 국물에
재료가 푸짐하게 들어가 있어
든든하고 맛있다.

남은 국물에 밥이나 면 사리를
넣어 먹어도 좋다.

도토리대장의 레시피 소개 된장과 알배추를 듬뿍 넣고 만든 된장배추전골!
저는 국, 샤부샤부, 수프류 등의 국물 요리를 선호하는데요. 그중에서 특히 된장국을
좋아해서 그런지 이 레시피로 만드니 더 맛있었어요. 알배추를 가득 넣어 시원한 맛
도 있고, 팽이버섯이 들어가 식감도 지루하지 않고 좋지요. 청양고추가 들어가서 느
끼하지 않고 칼칼한 게 딱이랍니다. 돼지고기가 들어가서 그런지 진한 미소라멘 맛
도 나는 게 신기했어요. 무엇보다 모든 재료를 넣고 끓이기만 하면 되니까 정말 간단
해요! 전 부드러운 알배추를 좋아해서 야채 중에 가장 먼저 넣고 끓였지만 처음부터
전부 넣어도 상관없을 것 같습니다. 고기를 제외하고 다른 채소를 더 넣어도 좋고요.
전 간단하게 팽이버섯만 넣었는데 다른 버섯이나 청경채도 잘 어울릴 거 같고, 구운
두부도 고소하니 맛있을 것 같아요. 든든하고 맛있어서 식사로도 좋고 술안주로도
딱이랍니다^^* 좋아하는 재료를 듬뿍 넣고 만들어 보세요~

얼큰하고 맛있는 매운버섯전골

재료

좋아하는 버섯 마음껏
대파 1/2가닥
간장 2큰술
고춧가루 2큰술
다진 마늘 1/2큰술
청양고추 1~2개
후추 약간
물 700ml
육수 팩 1개
대패삼겹살 100g
참치액 2큰술 반

매운버섯전골

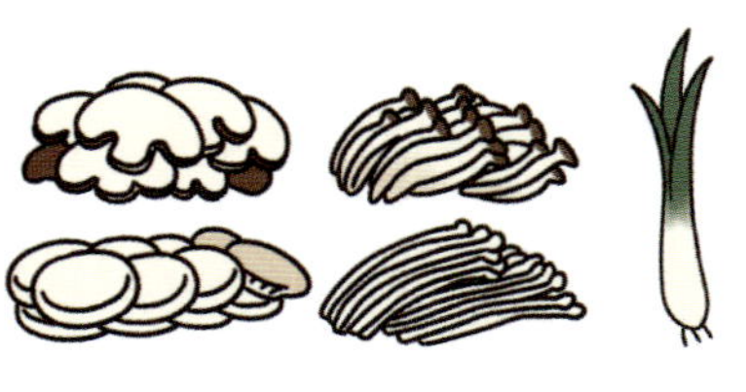

준비한 버섯을 가볍게 씻어 한입 크기로
손질하고 대파 1/2가닥을 썬다.

간장 2큰술, 고춧가루 2큰술,
다진 마늘 1/2큰술, 다진 청양고추 1~2개,
후추 약간을 섞어 양념장을 만든다.

물 700ml에
육수 팩 1개를 넣고 20분간 끓인다.
육수가 우러나오면
만들어 둔 양념장을 넣고 풀어 준다.

손질해 둔 재료와
대패삼겹살, 참치액 2큰술 반을 넣고
15~20분간 푹 끓인다.
이때, 간을 보면서 취향껏 참치액을 더한다.

재료가 충분히 익으면 완성.

다양한 버섯이 들어가 식감이 좋고
매운 국물과도 잘 어울린다.

남은 국물에 면 사리를 넣어 먹거나
죽을 끓여도 맛있다.

도토리대장의 레시피 소개 자취할 땐 주로 한번에 끓여 먹는 전골 요리를 먹게 되더라고요. 재료 손질만 하고 육수에 푹 끓이면 되니 편하고, 다양한 야채와 고기를 먹기에도 좋고, 남은 국물에 죽이나 면을 넣어 먹으면 마무리까지 훌륭하니까요. 느타리, 팽이, 표고, 새송이를 사용하여 버섯의 다양한 식감을 즐길 수 있고, 버섯이 육수에 푹 절여져 간이 심심하지 않고 맛있습니다. 이 버섯들 외에도 좋아하는 버섯이 있다면 그걸로 대체하거나 추가해도 됩니다. 고기는 대패삼겹살을 썼지만 샤부샤부용 소고기를 써도 맛있어요. 개운하면서 살짝 묵직한 느낌이라 매력이 있지요. 남은 국물은 우동이나 칼국수, 라면 등 다양한 면 사리를 넣어 먹거나 밥을 넣고 죽을 끓여 먹습니다. 저는 죽을 끓여 먹는 게 참 잘 어울리고 맛있더라고요. 몽글몽글하게 끓여서 달걀 1개와 참기름을 살짝 넣고 저어 주면 고소하고 매콤한 버섯죽이 되니까 국물까지 알차게 즐겨 보세요!

묵은지닭고기솥밥

재료

쌀 1공기
닭다리살 2~3덩이
소금 1/2작은술
다진 마늘 2작은술
후추 약간
대파 1/2가닥
묵은지 1/2공기
식용유 2큰술
간장 2큰술
물 쌀이 잠길 정도
다○다 1/2작은술

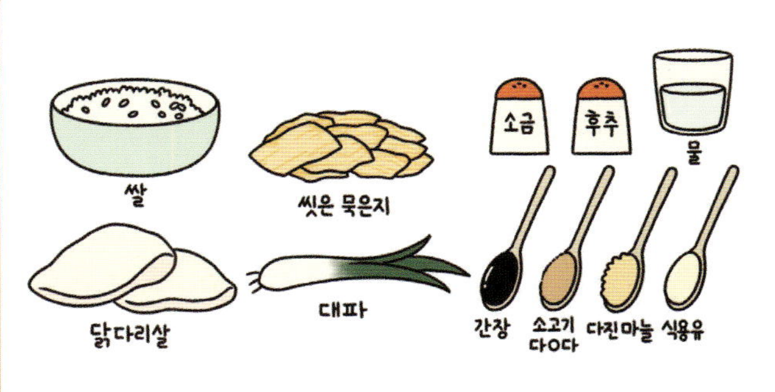

묵은지닭고기솥밥

닭고기와
묵은지를 넣어
구수하고 맛있다.

쌀 1공기를 씻어
물에 20~30분 정도 불린다.

닭다리살 2~3덩이에 소금 1/2작은술,
다진 마늘 2작은술,
후추 약간을 넣고 버무려 둔다.

대파 1/2가닥과 묵은지 1/2공기를
잘게 썰어 둔다.

식용유 2큰술을 두른 냄비에 닭다리살을
넣고 약불에 굽는다. 닭다리살이 하얗게
익으면 다른 곳에 빼 두고, 대파와 묵은지,
간장 2큰술을 냄비에 추가하여 볶는다.

파가 흐물흐물해지면
불린 쌀을 냄비에 넣고 잘 섞은 뒤,
쌀이 잠길 만큼의 물과
소고기다○다 1/2작은술을 넣고 잘 저으며
중약불로 끓인다. 전체적으로 끓기 시작하면
뚜껑을 덮고 약불에 10~12분간 끓인다.

불을 끄고 닭다리살을 올린 뒤,
5분 정도 뜸을 들이면 완성.

도토리대장의 레시피 소개 솥밥을 좋아해서 한번쯤 시도해 보고 싶었는데요. 계속 어떤 조합으로 할지 고민하다가 묵은지와 닭고기를 넣어 만들어 봤습니다. 둘 다 담백하지만 감칠맛 있는 재료라 잘 어울렸어요. 간혹 김치가 너무 묵어서 그냥 먹기 힘들 때, 깨끗하게 씻어서 솥밥에 넣으면 구수한 풍미가 살아납니다. 한 번 볶고 간장에 양념하면 특유의 쿰쿰한 맛이 사라지는데요. 그래도 맛에 민감한 분들은 설탕 1/2작은술 정도 넣으면 해결됩니다. 그리고 닭고기를 냄비에 구울 때 까딱 잘못하면 냄비가 타는데요. 닭고기가 어느 정도 구워지고 눌어붙기 시작하면 물을 5~6큰술 정도 넣고 뚜껑을 닫은 채 익혀 주면 됩니다! 그럼 냄비가 타지 않고 닭고기도 더 촉촉하게 잘 익어요. 솥밥은 쓰는 솥, 냄비에 따라 결과의 차이가 큽니다. 냄비의 코팅, 두께에 따라 다르고 특히 이 솥밥은 밥에 양념을 한 상태로 익히기 때문에 탈 확률이 더 높습니다. 그러니 최대한 약불(불이 은은하다 싶은 정도)에 끓이면서 옆면과 아래를 뒤섞어 주면 골고루 익고 덜 탑니다. 중간에 한번 섞어 주니 밥알도 더 꼬들하게 살아서 좋더라고요. 갖고 있는 도구에 따라 다르겠지만 실패 확률이 적어지는 방법이니 편하게 참고해 주세요.

제3장

빵

15 아침토스트

재료

식빵 1장
마요네즈 1큰술
설탕 적당량
치즈 1장
달걀 1개
소금 한 꼬집
후추 약간

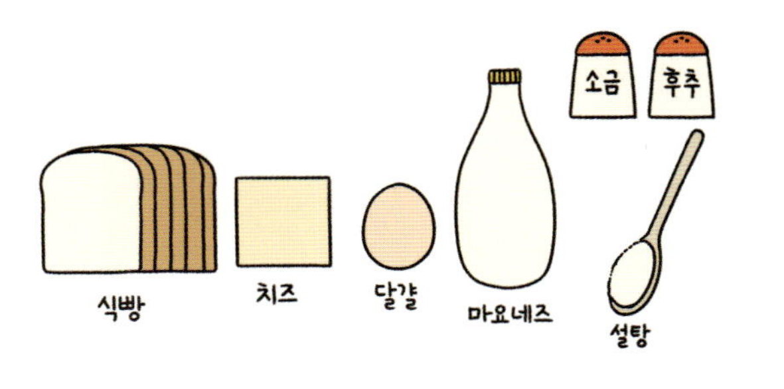

식빵 한쪽 면을 노릇하게 굽는다.

마요네즈를 바르고 설탕을 뿌린다.

치즈를 올린다.

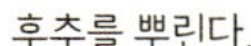

도토리대장의 레시피 소개 한때 반해서 아침마다 만들어 먹었던 토스트예요. 여러 방법이 있는데 전 식빵을 한쪽 면만 굽고, 마요네즈와 치즈, 거기에 끝부분을 바삭하게 구운 달걀프라이를 얹습니다. 이렇게 만들면 좀더 식감이 다양해서 좋더라고요. 고소하고 담백한 편인데 가끔 느끼하다 싶을 때 고춧가루나 핫소스를 뿌려 먹어도 맛있어요. 처음 해 먹고 반해서 이걸 먹기 위해 아침에 일찍 일어났던 기억이 있네요ㅎㅎ 맛있는 아침 메뉴에 빠지게 되면 꼭 그걸 해 먹으려고 일어나게 되는 거 같아요.

16

바질치즈토스트

재료

식빵 1조각
바질페스토 1큰술
슬라이스 햄 2장
페페론치노 1개
피자치즈 적당량
후추 약간

식빵에 바질페스토를 1큰술 바른다.

슬라이스 햄을 올리고
페페론치노 1개를 부숴서 올린다.

피자치즈를 올린 뒤,
후추를 뿌린다.

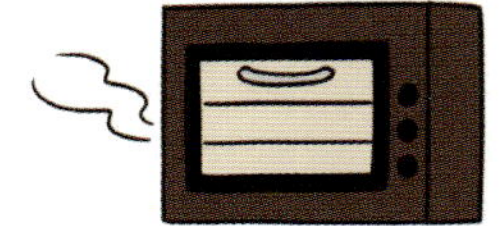
오븐이나 에어프라이어에
180도로 5~8분 정도 굽는다.

치즈가 잘 녹으면 완성.

바삭하고 쫀득한,
치즈가 잘 어울리는
바질치즈토스트.

도토리대장의 레시피 소개 레시피라고 하기도 애매한… 간단한 요리죠?
저는 한때 아침마다 이걸 먹는 재미로 살았답니다. 간단한 레시피에 비해 맛이 좋은 메뉴입니다. 바질페스토는 호불호가 갈리는 편인 듯한데요. 저도 처음에 바질페스토를 사서 파스타에 넣어 먹을 때는 그리 맛있다고 느끼진 못했습니다. 그러다가 어느 날, 빵에 발라 먹었는데 너무 맛있는 거에요ㅠㅠ 담백한 빵에 짭짤하고 향긋한 바질페스토가 정말 잘 어울려서 빵이 입으로 계속 쏙쏙 들어가는 맛! 단맛이 나는 식사빵을 싫어하는 분들에게 아주 좋은 토스트입니다. 포인트가 있다면 페페론치노! 페페론치노가 깔끔하고 알싸한 매콤함을 줘서 느끼하지 않고 끝까지 맛있게 먹을 수 있어요. 페페론치노가 없다면 대신에 고춧가루도 괜찮습니다. 하지만 웬만하면 페페론치노를 꼭 올려 보세요.
잠들기 전에 '아침에 먹을 맛있는 음식'을 하나 정해 두면 일어날 때 덜 피곤한 것 같아요. "이거 빨리 먹어야지~" 하고 일어나면서 나름 기분 좋은 하루를 시작할 수 있지 않을까요?

바질오픈토스트

재료

냉동 새우 6개
방울토마토 5개
식용유 2큰술
다진 마늘 1작은술
소금 두 꼬집
바질페스토 2큰술
사워도우빵 2조각
(식빵, 바게트 가능)
후추 약간

바질오픈토스트

냉동 새우와 방울토마토를
물에 씻어 준비한다.
이때 방울토마토는 반으로 자른다.

식용유 2큰술을 두르고 달군 팬에
다진 마늘 1작은술을 넣고 볶다가
마늘이 타기 전에 새우와 토마토를 넣고 볶는다.

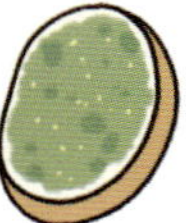

도토리대장의 레시피 소개 바질페스토를 사서 여러 레시피에 사용해 봤는데요. 다양한 활용법 중에서도 가장 어울리는 건 역시 빵이었어요. 바삭하게 구운 빵에 바질페스토를 발라 먹으면 정말 하염없이 계속 들어가거든요. 담백한 빵에 향긋하고 짭조름한 페스토를 바르면 색다르고 맛있답니다. 그중에서도 바질페스토를 이용한 오픈토스트를 소개합니다! 언젠가 들렀던 브런치 카페에서 비슷한 메뉴를 팔길래 한번 도전해 봤는데 성공했어요ㅎㅎ 새우와 토마토를 듬뿍 넣고 바질페스토를 더하니 맛이 풍성해져서 좋더라고요. 둘 다 바질과 잘 어울리는 재료이기도 하고요. 새우와 토마토를 동시에 넣으면 토마토가 너무 무를 수 있으니 새우가 80% 이상 익었을 때 토마토를 넣고 빠르게 볶아 주는 게 좋습니다. 바질페스토는 호불호가 갈리는 식재료 중 하나이지만 파스타에 넣는 것보다 빵에 발라 먹으니 더 나은 것 같아요. 혹시 경험이 없다면 이번 기회에 도전해 보는 건 어떨까요? 처음엔 맛이 낯설 수도 있지만 익숙해지면 더할 나위 없이 좋은 재료랍니다. 게다가 한 병 쟁여 두면 두루두루 쓰기 좋은 재료이니 추천드려요. 새로운 맛을 알아가는 건 언제나 즐거우니까요!

새우가 탱글하고 전체 식감이 바삭한
새우토스트

새우토스트

냉동 새우 5마리를
물에 담가 살짝 녹인 뒤,
잘게 썬다.

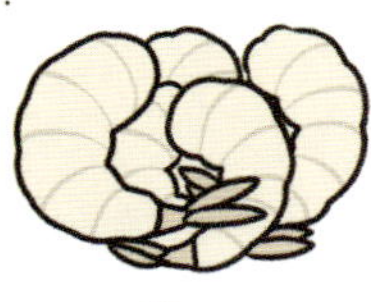

식용유 2큰술을 두른 팬에
다진 마늘 1/2작은술, 썰어 둔 새우,
후추를 약간 넣고 중약불로
새우가 분홍빛을 띨 때까지 볶는다.

볼에 마요네즈 2큰술, 허니머스터드 1큰술,
설탕 1/2작은술, 소금 한 꼬집, 후추를 약간
(2번 정도 톡톡) 넣고 페페론치노 1개를
잘게 부수어 소스 전체가 잘 섞이도록 저어 준다.

볶은 새우와 소스를 섞어 식빵에 올린 뒤,
오븐이나 에어프라이어에
180도로 8~10분 굽는다.

노릇하게 구워지면 완성.

새우가 탱글하고
전체 식감이 바삭한
새우토스트.

도토리대장의 레시피 소개 밥을 따로 차려 먹을 시간이 없어서 최대한 간단
히 먹던 때가 있었는데요. 그중 맛있게 먹은 새우토스트입니다. 언젠가 목포로 여행
을 갔을 때 사 왔던 새우바게트를 생각하면서 만들어 본 토스트인데, 저에겐 나름 추
억의 맛이라 제 입맛에 맞게 만들었어요. 머스터드맛이 강하지 않고 새우가 듬뿍 들
어가 고소하니 맛있답니다. 새우가루가 들어가면 더 비슷한 맛이 났겠지만 이것도 충
분히 만족스러웠네요. 저만 그런 걸까 싶은데, 에어프라이어로 만들면 식빵 아래가
노릇해지지 않더라고요. 굽는 시간의 3분 정도는 식빵의 아랫면을 구운 후, 뒤집어서
소스를 얹어 주면 딱 좋습니다. 오븐을 사용한다면 굳이 이렇게 하진 않아도 되겠죠.
물론 그 바게트와 다른 맛이지만 추억을 생각하며 먹어 보았습니다. 계속 생각나는
간단한 새우토스트! 여행을 가고 싶은 맛이에요~

19 카레마요샌드위치

재료

마요네즈 2큰술
카레가루 1작은술
다진 마늘 1작은술
설탕 1/2작은술
고춧가루 약간
후추 약간
양파 1/4개
상추 2장
식빵 2장
베이컨 3장
달걀 1개

카레마요샌드위치

마요네즈 2큰술, 카레가루 1작은술,
다진 마늘 1작은술, 설탕 1/2작은술, 고춧가루와
후추 약간씩을 섞어 카레마요를 만든다.

양파 1/4개는 가늘게 썰고,
상추 2장은 씻어서 물기를 최대한 제거한다.

도토리대장의 레시피 소개 사실 제가 굉장히 아끼는 레시피 중 하나라서 아끼고 아껴 왔는데, 이번에 그려 봤어요ㅎㅎ 카레마요는 식빵, 바게트 등 여러 빵과 다 잘 어울린답니다. 자주 해 먹는 베이컨+상추+달걀프라이+양파 조합의 샌드위치를 그렸지만 햄, 돼지고기, 새우, 닭가슴살 등 다른 재료들과의 조합도 좋습니다. 토마토를 넣으면 더 맛있지만 없어서 생략했어요. 저는 생양파를 좋아해서 그대로 넣었는데요. 생양파 맛이 싫다면 볶아서 넣어도 괜찮습니다. 소스는 마요네즈의 부드럽고 느끼한 맛에 카레의 향긋하고 짭짤한 풍미와 다진 마늘의 알싸함을 더했습니다. 거기에 고춧가루와 후추도 들어가서 중독성 있는 마요소스가 됩니다! 개인적으로 단맛이 있는 소스보다 짭짤하고 깔끔한 맛의 소스를 선호하는지라 저에겐 딱 좋아요. 샌드위치의 묘미는 좋아하는 재료를 듬뿍 넣고 만들 수 있다는 거죠! 취향대로 야채를 듬뿍 얹고, 소스도 듬뿍 발라 크게 한입 먹으면 정말 만족스러워요. 좋아하는 재료를 듬~뿍 넣고 만들어 보세요.

20 크로크무슈
부드럽고 바삭해서 맛있는

난이도 ●●●○○
성취도 ♥♡♡♡♡♡

재료

식빵 2장
슬라이스 햄 2장
치즈 1장
우유 200ml
피자치즈 적당히
소금 1작은술
후추 약간
버터 2큰술
밀가루 1큰술 반

크로크무슈

직접 만든 베샤멜소스*로 만들어 풍미가 좋다.

*베샤멜소스 : 버터와 밀가루를 1:1로 섞어 약한 불에 볶아 루를 만들고, 뜨거운 상태의 루에 차가운 우유를 살살 섞어 풀어 가며 끓여 만든 화이트소스. 정석은 1:1이지만 본인 취향대로 바꿀 수 있다.

약불에 버터 2큰술을 녹인 뒤, 밀가루 1큰술 반을 넣고 섞는다.

우유 200ml를 나눠 넣으며 잘 풀어 준 뒤,
소금 1작은술과 후추 약간을 넣고
약불에 걸쭉하게 끓인다.

식빵 2장에 베샤멜소스를 바르고
햄과 치즈를 올린 뒤 포갠다.

맨 위에 베샤멜소스를 한 번 더 바르고
피자치즈를 올린다.

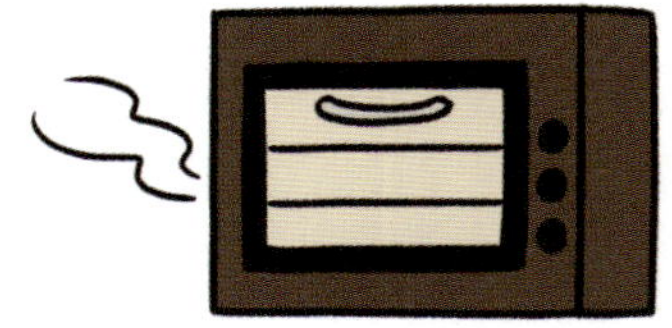

오븐에 180도로 10분 정도 굽는다.
(에어프라이기 가능)

치즈가 노릇하게 구워진 뒤,
후추를 뿌리면 완성!

도토리대장의 레시피 소개 제대로 만들어 보고 싶어서 베샤멜소스도 직접 만들었어요. 시중에 파는 크로크무슈는 소스 양이 적게 느껴져서 베샤멜소스를 안팎으로 넉넉히 발랐는데 정말 맛있었습니다! 햄과 치즈의 풍미가 좋고, 부드럽고 진한 크림이 가득! 위에 올린 피자치즈는 살짝 구워서 고소하고, 식빵은 바삭! 식감이 다양해서 한입 먹을 때마다 만족감이 높아요. 굉장히 푸짐하게 느껴집니다. 평소에 먹던 보통 사이즈의 식빵을 썼는데도 양이 많더라고요. 베샤멜소스는 식으면 더 꾸덕해지기 때문에 크림수프보다 살짝 걸쭉해지면 불을 끄는 게 좋아요. 위에 치즈를 더 노릇하게 굽고 싶다면 190도나 200도에 3~5분 정도 구워 주세요. 저는 부드러운 맛을 원하기도 했고, 고온에 구우면 식빵이 너무 딱딱해질까 봐 180도로 구웠습니다. 다들 원하는 정도에 따라 굽는 시간을 조절해 주세요. 치즈를 선호하지 않는다면 좀 느끼할 수도 있는데, 치즈를 좀더 구우면 느끼한 게 덜한 것 같아요. 아니면 베샤멜소스를 만들 때 다진 마늘을 조금 넣어도 괜찮으니 참고해 주세요!

제4장
면

재료

라면 1개(얇은 면 추천)
간장 1큰술
설탕 1작은술
식초 1작은술
뜨거운 물 2큰술
차가운 물 500ml
겨자 또는
고추냉이 약간
원하는 토핑

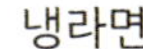

뜨거운 라면과
또 다른 매력이라
새롭고 좋다.

라면 수프 절반과
간장 1큰술, 설탕 1작은술,
식초 1작은술, 겨자 약간을 넣고 섞는다.

뜨거운 물 2큰술을 넣고 잘 풀어 준 뒤,
차가운 물 500ml를 넣어 냉장고에 보관한다.

라면을 삶아서 찬물에 잘 헹군다.
이때, 평소 라면을 끓일 때보다 1~2분 정도
더 삶아야 면이 딱딱하지 않다.

원하는 토핑을 먹기 좋게 손질한다.

면을 그릇에 옮기고
냉장고에 넣어 둔
육수를 붓는다.

얼음을 넣고 토핑을 올리면 완성.

라면과 냉면의 중간 정도로
시원한 맛이 있다.

겨자를 좀더 넣고
원하는 야채나 재료를 더해
냉채처럼 먹어도 맛있다.

시원하고 맛있는
냉라면.

도토리대장의 레시피 소개 한때 반해서 엄청 만들어 먹었던 냉라면은 냉면과 라면의 중간이라 신기했어요. 라면을 좋아해서 라면으로 이것저것 많이 해 봤는데, 그래도 다시 기본에 충실한 라면으로 돌아갔던 거 같네요ㅎㅎ 여유가 있다면 냉동실에 육수를 넣어 살짝 살얼음이 생긴 상태로 먹으면 얼음을 안 넣어도 시원해서 좋아요. 좀더 냉면 같은 느낌도 나고요. 냉라면은 꼭 순한맛 라면으로 해 먹는데요. 언젠가 매운 라면으로 만들었다가 불○볶음면보다 더 힘들게 먹었던 기억이 있어요. 차가운데 자극적인 맛… 그래도 매운 걸 잘 드시는 분은 매운 라면으로 해도 상관없겠죠…?

재료

스파게티 면 1인분
식용유 2~3큰술
(또는 올리브유 2~3큰술)
다진 마늘 1작은술
소금 한 꼬집
& 1/2작은술
페페론치노 1개
버터 1/2큰술
달걀 1개
후추 약간
고춧가루 약간

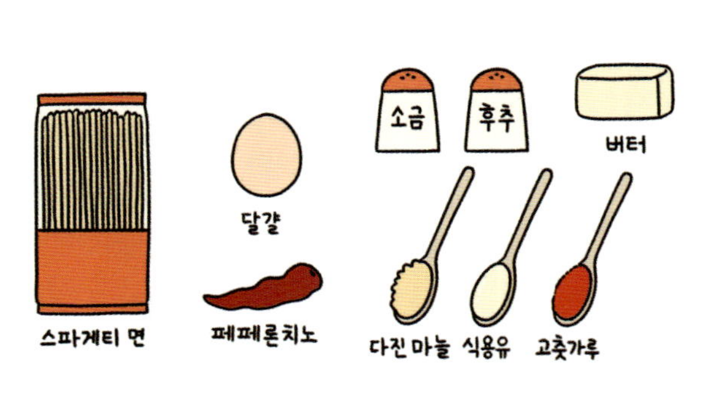

달걀파스타

스파게티 면을
잘 삶아 준비한다.

식용유 2~3큰술을 팬에 두르고
다진 마늘 1작은술을 볶는다.

도토리대장의 레시피 소개 까르보나라 대신으로 간단하게 만들었다가 지금은 이 레시피를 더 좋아하게 됐습니다! 만드는 과정은 비슷하지만 맛이 좀더 담백하고 가볍고 부드러워요. 페페론치노랑 후추의 매운맛이 달걀과 버터 등의 느끼함을 잡아 줍니다. 살짝 매콤한 오일파스타를 부드럽게 먹을 수 있는 스타일이기도 하고요. 면수 없이 만들어야 묽지 않고 맛있게 되는 거 같아요. 전 면수를 넣었다가 너무 묽어져서 좀… 별로였답니다…ㅠㅠ 페페론치노가 없다면 청양고추로 대체해도 됩니다. 반 개 정도 넣으면 맞을 거 같아요. 면을 볶을 때 같이 넣고 살짝 볶아 주면 끝! 집에서 파스타를 자주 만들어 먹는다면 페페론치노 한 병 정도를 구비하는 것도 좋겠죠. 저는 작년에 작은 병으로 샀는데, 한번에 한두 개 정도 쓰니까 아직도 먹고 있거든요. 깔끔한 맛을 내기에 쉬운 재료라 추천드립니다~

23 개운하고 맛있는 김치말이국수

소면 적당량
시판용 냉면 육수 1봉지
김치 1/2공기
김칫국물 3큰술
간장 1/2큰술
설탕 1작은술
고춧가루 1/2작은술
다진 마늘 1/2작은술
식초 약간
참기름 약간
깨 약간

김치말이국수

냉면 육수를 이용해
간단하게
만들어 먹기 좋다.

김치 1/2공기를 잘게 썬다.

김칫국물 3큰술, 간장 1/2큰술, 설탕 1작은술,
고춧가루와 다진 마늘 각각 1/2작은술,
식초와 참기름을 약간씩 넣어 김치와 섞는다.

김치가 들어가서
새콤하고 아삭하니 맛있다.

달걀이나 오이 등
다른 재료를 곁들여도 푸짐하고 좋다.

개운하고 맛있는
김치말이국수.

도토리대장의 레시피 소개 시판용 냉면 육수를 이용해 간단하게 해 먹는 김치말이국수입니다. 따로 육수 낼 필요가 없어서 편리하죠. 여름이 되면 국수에 찬 육수를 부어서 자주 먹는데, 김치를 넣으면 아삭하고 개운하니 맛있어서 이 김치말이국수도 즐겨 먹습니다. 고기나 만두랑 같이 곁들여 먹어도 맛있는데 저는 만두랑 같이 먹는 걸 좋아해요! 김치가 시큼하다면 식초는 생략해도 됩니다. 참기름은 너무 많이 넣으면 기름이 둥둥 뜨거나 느끼해지니 조금만 넣어 주세요. 약간의 참기름은 고소한 풍미를 더해 감칠맛이 풍부해집니다. 김치는 배추김치가 아니어도 괜찮아요. 열무김치로 하니까 또 다르게 맛있더라고요ㅎㅎ 원래도 면 요리를 좋아하는데 여름엔 면이 더 당기는 것 같아요. 입맛 없을 때 후루룩 먹기 좋은 국수입니다.

24 유자냉우동

유자냉우동

간장 2큰술, 참치액 1작은술,
유자청 2작은술, 물 3큰술, 후추 약간을 섞어
양념장을 만든다.

대파의 초록 부분을 잘게 썰어 준비한다.

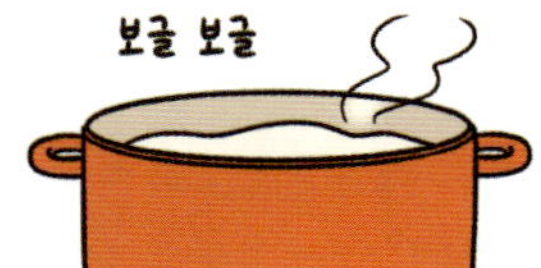

도토리대장의 레시피 소개 유자청을 이용해 만들어 본 냉우동입니다. '유자청' 하면 겨울이 생각나죠. 유자냉우동은 차가운 음식이지만 유자가 들어가니 왠지 겨울 느낌이 나는 것 같습니다ㅎㅎ 재료는 간단하지만 탱글한 우동사리, 짭짤한 간장과 향긋하고 달콤한 유자의 조합, 거기에 파까지 올라가서 한입 한입 먹을 때마다 향긋하고 풍성한 맛이 가득해요. 유자청 특유의 쌉쌀하면서도 깊은 단맛과 향이 돋보이는 음식입니다. 꼭 유자청을 써 보세요! 전 쯔유가 없어서 참치액을 썼지만 쯔유가 있다면 간장을 1큰술 반 넣고 쯔유를 1/2큰술 정도 넣어 주세요. 둘 다 비슷한 풍미이지만 참치액이 좀더 농축된 맛이 납니다. 파는 쪽파를 쓰면 편하지만, 저는 집에 있는 대파의 초록 부분만 잘게 썰어서 올렸어요. 대파의 흰 부분은 익히지 않으면 매운맛이 강하고 파 냄새가 많이 남죠. 차가운 음식에 대파를 올릴 땐 초록 부분만 사용하면 파 향도 적당히 나고 입에 잔향도 남지 않는답니다. 반숙란을 올려도 맛있는데요. 수란을 올리거나 달걀노른자만 넣어도 좋아요. 달걀은 원하는 대로 취향껏 조리해 올려 주세요!

25 순두부샐러드파스타

재료

스파게티 면 1인분
연○ 1큰술
상추 6~7장
대파 초록 부분 1가닥
간장 1큰술 반
물 3큰술
설탕 1/2작은술
레몬즙 2작은술
후추 약간
깨 약간
참기름 약간
순두부 1/2개

스파게티 면을 10분 정도 삶아
찬물에 헹궈 준비한다.

면에 연○ 1/2작은술을 넣고
버무려 둔다.

상추 6~7장을 씻어 물기를 털고 잘게 자른다.
대파의 초록 부분 1가닥을 쫑쫑 썬다.

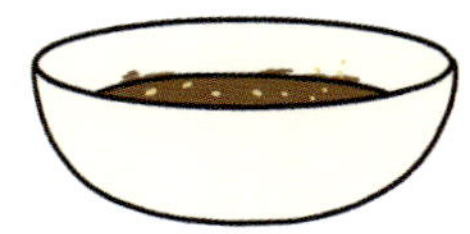

간장 1큰술 반, 연○ 1/2작은큰술, 물 3큰술,
설탕 1/2작은술, 레몬즙 2작은술, 후추 약간,
깨 약간, 참기름 약간을 섞어 소스를 만든다.

면 위에 손질한 야채와 순두부 1/2개를
올리고 소스를 끼얹으면 완성.

부드러운
순두부가 매력적인
순두부샐러드파스타.

도토리대장의 레시피 소개 샐러드파스타는 여러 번 만들어 봤는데 항상 재료와 면, 소스의 어울림이 2% 정도 부족한 느낌이더라고요. 하지만 이 레시피는 지금까지 만들어 본 샐러드파스타 중에 가장 맛있었습니다! 깔끔한 감칠맛이 좋은 간장소스 연○와 부드러운 순두부, 아삭한 상추까지 다 잘 어울려요.
이 레시피는 순두부가 포인트인 파스타입니다. 순두부에서 물이 나와서 양념을 조금 짭짤하게 맞췄고 면에도 연○를 뿌려 간을 했어요. 파스타 면은 헹궈 두면 양념이 잘 안 묻는다고 해요. 그리고 순두부, 상추가 들어가니까 면에 어느 정도 간이 되어야 더 잘 어울리고 맛있습니다. 순두부는 그냥 파스타 위에 올려 숟가락으로 썰어도 됩니다. 추가로 한 가지 꿀팁! 순두부를 잘라 냉장고에 잠시 놔 두면 물이 빠지는데, 두부 물이 어느 정도 빠지면 탱글탱글해져서 식감이 더 좋아요. 하루 종일 냉장고에 넣어 놓고 물을 빼서 쓰는 것도 추천합니다. 면 삶을 때 빼곤 불을 안 쓰니까 여름에 해 먹기 좋은 요리예요.

오일파스타

재료

마늘 8개
스파게티면 1인분
식용유 3큰술
(또는 올리브유)
면수 3~4큰술
소금 네 꼬집
연○ 1작은술
페페론치노 1~2개
후추 약간

마늘을 넣어 고소하고 깔끔하니 좋다.

마늘 8개를 도톰하게 편으로 썬다.

소금 두 꼬집을 넣은 물에
스파게티 면을 8분 삶는다.

식용유 3큰술을 두른 팬에
마늘을 넣고 중약불로 볶는다.

마늘이 노릇해지면
면을 넣고 1분 정도 볶는다.

면수 3~4큰술, 소금 두 꼬집,
연○ 1작은술을 추가하고
페페론치노 1~2개를 잘게 부숴 넣어
물이 졸아들 때까지 중불에 볶는다.
이때, 간을 보고 소금을 추가해도 좋다.

그릇에 덜어 후추를 뿌리면 완성.

도토리대장의 레시피 소개 이 레시피는 알리오올리오에 가깝지만 활용도가 높고, 새우나 베이컨, 각종 페스토 등 다른 재료를 넣어 먹기 좋은 기본 레시피라 오일파스타라고 적었습니다. 많이 짜지 않고 순하면서 깔끔한 맛이어서 계속 먹게 되는 매력이 있어요. 소금, 후추, 마늘, 기름으로만 맛을 내는 파스타라 자칫하면 그냥 짜기만 하거나 감칠맛 없이 싱거울 때가 많아 의외로 실패할 가능성도 높습니다. 여러 조미료를 넣어 보고 소금으로만 해 보기도 했는데요. 저는 연○를 넣었을 때 가장 깔끔하고 감칠맛이 나서 좋더라고요. 전체적인 맛을 한번 잡아 주는 느낌이고, 많이 짠 조미료도 아니라 부담스럽지 않고 좋아요. 마늘만 넣을 땐 기름이 차가울 때부터 넣고 서서히 볶는 게 중요합니다. 약~중약불로 서서히 볶으면서 잘 구워진 색이 나면 됩니다. 고소하고 향긋하니 꽤 맛있어요. 다른 재료를 넣을 때에는 마늘이 잘 구워진 색이 나기 전에 넣고 같이 볶으면 됩니다! 베이컨, 버섯, 새우 등 좋아하는 재료를 넣어 다양한 오일파스타를 즐겨 보세요.

진하고 맛있는
크림파스타

크림을 넣어 진하고
고소해서 맛있다.

소금을 약간 넣은
끓는 물에 면을 삶는다.

베이컨 2장과 채 썬 양파 한 움큼,
다진 마늘 1/2큰술을 넣고 볶는다.

굴소스 1/2큰술을 넣고 볶다가
크림을 전부 넣고 약불에 끓인다.
이때 매운 고추를 조금 넣어 주면
매콤한 크림소스가 된다.

소스에 삶은 면을 넣고
약불에 3~4분 정도 끓인다.

면을 넣으면 소스가 꾸덕해지니
면수나 우유로 취향에 맞게
농도를 조절한다.

입맛에 따라 간을 맞춘 뒤,
후추를 뿌리면 완성.

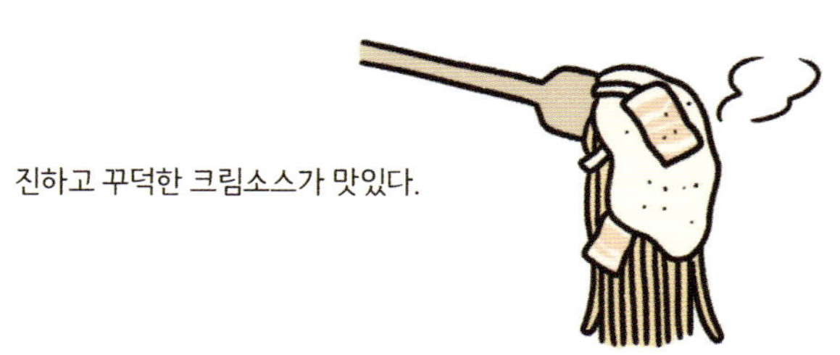

도토리대장의 레시피 소개 자주 해 먹는 파스타 중 하나입니다! 시판 소스로 만들어 먹어도 맛있지만 저는 크림으로 직접 소스를 만들어 먹는 걸 더 좋아해요ㅎㅎ 훨씬 고소하고 진해서 좋거든요. 크림을 많이 넣거나 우유와 치즈로 대체해 만들어 보는 등 여러 버전의 크림파스타를 해 봤는데, 개인적으로 이렇게 해 먹는 게 제일 좋아하는 크림소스 맛이 나더라고요. 베이컨과 양파 외에도 새우, 햄, 버섯이나 다른 좋아하는 야채 등을 넣어 요리해도 좋습니다. 파스타 면의 굵기는 얇으면 얇은 대로, 두꺼우면 두꺼운 대로 식감과 맛이 달라서 재미있어요. 모두 취향껏 만들어 드시길 바라요~ㅎㅎ

28 볶음라면

재료

라면 1봉지
(면과 수프 사용)
양파 1/3개
통조림 햄 1/3통
대파 초록 부분 2가닥,
흰 부분 1/2토막
간장 1큰술 반
설탕 1/2작은술
고춧가루 1/2작은술
다진 마늘 1/2작은술
물 1큰술 반
식용유 2큰술
후추 약간

볶음라면

라면을 다르게 먹고 싶을 때
해 먹기 좋다.

양파 1/3개, 통조림 햄 1/3통과
준비한 대파를 썰어 준비한다.

간장 1큰술 반, 라면수프 1작은술,
설탕 1/2작은술, 고춧가루 1/2작은술,
다진 마늘 1/2작은술에
물 1큰술 반을 넣고 양념을 만든다.

팬에 식용유 2큰술을 두르고
썰어 둔 재료를 중약불로 볶다가
양념을 넣고 가볍게 더 볶는다.

삶아 둔 라면을 넣고
중불에 면이 익을 때까지 볶는다.

후추를 뿌리면 완성.

도토리대장의 레시피 소개 예전부터 볶음라면을 만들어 먹으려고 이것저 것 다양한 양념을 배합해 봤는데, 이게 제일 나은 거 같아요. 재료는 그때마다 다르게 넣는데요. 양배추나 당근, 달걀을 볶아서 넣기도 하고, 베이컨이나 새우, 대패삼겹살을 넣을 때도 있고요. 단순히 야채만 넣어 볶아 먹기도 하고… 뭘 넣든 괜찮은 듯합니다. 때에 따라 굴소스나 다른 조미료를 더 넣기도 하지만 가장 무난한 맛이 나는 게 이 양념인 것 같습니다. 재료를 풍성하게 넣는다면 포만감도 더 있고 맛있겠죠? 물론 저는 귀찮아서 저 정도만 넣지만요ㅠㅠ 라면을 가끔 색다르게 먹고 싶을 때 해 먹기 좋답니다~

얼큰하고 맛있는
김치우동

김치우동

김치를 넣어 얼큰한
우동을 끓여 봤다.

물 400ml에 육수 팩 1개를 넣고
강불로 끓이다가 육수가 우러나면
중불로 10분 정도 더 끓인다.

육수에 김치 1/2공기와
김칫국물 4큰술을 넣고 끓인다.

다진 마늘 1큰술, 고춧가루 1큰술,
소금 1/2큰술을 넣고 끓이다가
준비한 대파와 청양고추 1개를
썰어 넣는다.

소고기다○다 1작은술과
우동사리 1개를 넣고
후추를 약간 뿌린 뒤,
5분 정도 끓인다.

면이 다 익으면 완성.

도토리대장의 레시피 소개 얼큰한 우동이 먹고 싶어서 김치를 넣어 끓여 봤
는데 맛있었어요. 통통하고 야들한 우동 면과 얼큰하고 칼칼한 국물이 잘 어울렸답
니다. 사실 더 간단하게 만들어 보고 싶어서 육수를 안 내려고 했지만 육수를 내야
확실히 깊은 맛이 나더라고요. 요즘엔 육수 팩이 잘 나와서 그걸 이용하면 빠른 시간
안에 육수를 낼 수 있으니 간편하죠. 우린 뒤에 팩만 빼면 처리도 쉽고, 국물용 멸치
나 다시마 손질이 귀찮거나 자취하는 사람들에겐 정말 좋은 아이템입니다. 육수 팩
이 없다면 국물용 멸치 6~7개와 다시마 3~4개 정도를 넣고 끓이면 됩니다! 어떤 날
은 어묵을 길게 잘라 넣어 봤는데 맛있었어요. 어묵을 별로 안 좋아하지만 막상 넣으
니 김치전골 같기도 해서 좋았답니다. 어묵 말고도 원하는 재료를 마음껏 넣고 끓이
면 더 좋을 듯해요~

30 나폴리탄

재료

소시지 적당량
양파 1/2개
스파게티 면 적당량
식용유 2큰술
케첩 2큰술 반
굴소스 1작은술
카레가루 1작은술
후추 약간
소금 두 꼬집

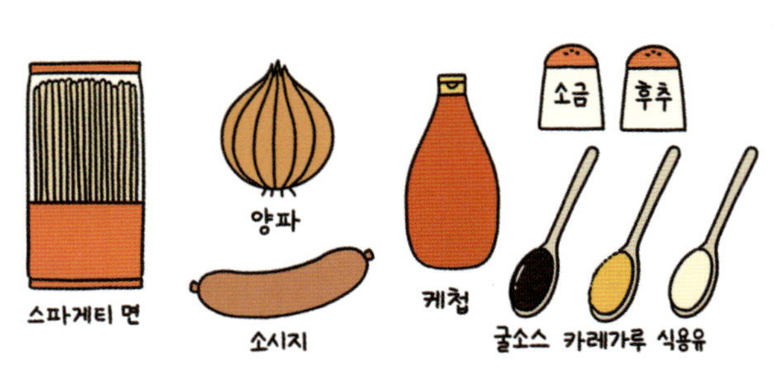

케첩을 이용해
간단하고 맛있게 만들 수 있다.

소시지 적당량과
양파 1/2개를 썰어 준비한다.

소금 두 꼬집을 넣은 물에
스파게티 면을 10분 정도 삶는다.

식용유 2큰술을 두른 팬에
양파가 반투명해질 때까지 중약불로 볶다가
소시지를 넣고 1분 정도 더 볶는다.

소시지 겉면이 살짝 노릇해지면
삶은 면을 팬에 넣고 케첩 2큰술 반,
굴소스 1작은술, 카레가루 1작은술을 넣고
후추를 약간 뿌린다.

재료가 잘 섞이도록 뒤섞으면서
4분 정도 더 볶으면 완성.

케첩이 들어가 달콤짭짤하고
살짝 새콤한 향이 좋다.

달걀프라이를 올리거나
파마산치즈를 뿌려도
잘 어울린다.

간단하고 맛있는
나폴리탄.
후루룩

도토리대장의 레시피 소개 저는 케첩을 좋아하지 않지만, 나폴리탄 특유의 케첩맛은 가끔 당기더라고요. 케첩이 들어가 가볍지만 입에 착 감기는 맛이 있는 거 같습니다. 케첩만 넣으면 맛이 단조롭기 때문에 굴소스와 카레가루를 넣곤 하는데요. 부족한 풍미를 잘 채워 줘서 질리지 않고 먹을 수 있어요. 전 아무리 나폴리탄을 간단하게 해 먹는다고 해도 소시지와 양파는 빠뜨리지 않습니다. 왠지 이 두 가지는 꼭 들어가야 제가 좋아하는 나폴리탄 맛이 나더라고요! 마늘을 편으로 썰어 넣어도 좋습니다. 그 외에 피망 또는 파프리카, 양송이버섯을 넣어도 잘 어울리고요. 매콤한 걸 좋아한다면 청양고추를 잘게 썰어 넣어도 괜찮고, 파마산치즈나 핫소스를 곁들여 먹어도 풍미가 좋습니다! 프라이를 올려 먹어도 맛있는데, 일본의 드라마나 만화를 보면 철판에 달걀물을 붓고 그 위에 나폴리탄을 얹어 주더라고요? 다음에 작은 철판을 산다면 그렇게 해서 먹어 보고 싶네요~

31 카레우동

재료

식용유 2큰술
양파 1/2개
통조림 햄 1/3통
우동사리 1개
다진 마늘 1/2큰술
물 150ml
우유 200ml
다○다 1/2작은술
카레가루 4큰술
후추 약간
고춧가루 약간

카레우동

양파 1/2개와
통조림 햄 1/3통을 썰어서 준비한다.

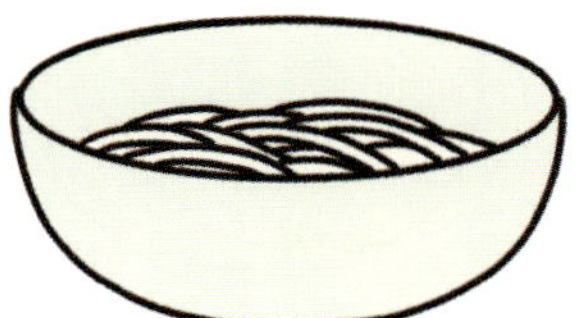

우동사리는 끓는 물에
1~2분 정도 삶아 준비한다.

식용유 2큰술을 두른 냄비에
준비한 양파와 햄, 다진 마늘 1/2큰술을
넣어 볶다가 양파가 반투명해지면
물 150ml와 우유 200ml를 넣고 끓인다.

소고기다○다 1/2작은술,
카레가루 4큰술을 팬에 넣어 잘 푼 뒤,
삶아 둔 우동사리를 넣고
3분 정도 더 끓인다.

후추와 고춧가루를 뿌리면 완성.

도토리대장의 레시피 소개 카레와 우유가 들어가 진하고 맛있는 카레우동을 집에서 간단하게 만들어 먹었어요. 통통한 우동 면과 진한 카레가 잘 어울리더라고요! 고형 카레의 경우 1조각 반 정도 넣으면 적당할 거 같아요.(진한 게 좋다면 2조각) 양파를 충분히 볶아야 카레 자체의 감칠맛이 올라가기 때문에 반투명해질 때까지 중약불에 볶는 게 중요해요. 양파와 다진 마늘만 넣어도 충분하지만 다른 야채를 넣어도 좋습니다. 냉장고 털기에 안성맞춤이랍니다ㅎㅎ 저는 햄을 넣었지만 닭가슴살이나 베이컨 등 원하는 재료를 넣고 만들어도 좋아요. 우유와 물을 섞어 쓰긴 했는데 우유만 넣어도 맛있고요. 하지만 우유만 넣을 경우에는 불이 조금만 세도 카레가 잘 탈 수 있으니 유의해야 합니다. 물을 조금 섞으면 타는 경향이 덜해요. 그리고 물만 넣을 경우에는 심심할 수 있으니 우유나 크림을 섞어서 만들어 주세요. 치즈를 넣어도 맛있고요. 닭튀김이나 새우튀김 등 여러 토핑을 곁들여 먹으면 더 든든해서 좋답니다.

32

볶음우동

재료

간장 2큰술
설탕 1작은술
굴소스 1작은술
고춧가루 1/2큰술
다진 마늘 1작은술
물 1큰술
후추 약간
양파 1/3개
대파 1/2가닥
식용유 2큰술
소고기 80g
우동사리 1개
깨 약간

볶음우동

간장 2큰술, 설탕 1작은술, 굴소스 1작은술,
고춧가루 1/2큰술, 다진 마늘 1작은술,
물 1큰술, 후추 약간을 섞어 양념장을 만든다.

양파 1/3개와 대파 1/2가닥을
가늘게 썰어 준비한다.

식용유 2큰술을 두르고
중약불로 달군 팬에 양파와 대파를 넣어
반투명해질 때까지 볶다가
소고기 80g을 넣고 계속 볶는다.

고기 겉면이 노릇해지면 양념장을 넣고
1분 정도 볶다가 우동사리를 넣어 양념과
잘 섞이도록 저으며 3분 정도 더 볶는다.

그릇에 덜어 깨를 뿌리면 완성.

짭짤하면서 달큰한 소스와
통통한 우동 면이 잘 어울린다.

달걀프라이를 얹어 먹어도 맛있고,
노른자만 넣고 비벼 먹어도 좋다.

도토리대장의 레시피 소개 볶음면을 좋아해서 여러 면을 이용해 볶음면을 만들어 먹곤 하는데요. 그중 하나가 이 레시피로 만드는 볶음우동입니다. 많이 맵지 않으므로, 매운 걸 좋아한다면 청양고추를 좀더 넣는 걸 추천합니다. 전 마침 샤부샤부용 소고기가 있어서 그걸 사용했지만, 햄이나 삼겹살, 베이컨, 새우, 달걀 등 원하는 재료를 마음껏 넣으면 됩니다. 재료에 따라 느낌도 달라지니 다양한 맛을 즐길 수 있어요. 저는 평소에 햄을 주로 사용하는 편이고 귀찮을 땐 달걀을 넣어 후다닥 만들기도 합니다. 두루두루 활용하기 참 좋은 레시피예요. 우동사리는 따로 삶을 필요 없이 뜨겁거나 미지근한 물에 담가서 풀어 놓고 볶을 때 넣어 주면 됩니다. 면이 뭉친 상태로 넣으면 볶는 과정에서 면발이 끊어지니, 물에 담가 가볍게 풀어 주기만 하세요. 달걀프라이를 올려도 좋고, 노른자만 넣고 참기름을 살짝 뿌려 비벼 먹는 것도 별미랍니다. 취향껏 만들어 드셔 보세요~

33 된장버터옥수수라면

달걀 1개
대파 1가닥
식용유 2큰술
다진 마늘 1/2큰술
된장 1/2큰술
굴소스 1작은술
물 500ml
라면 1봉지
후추 약간
옥수수 통조림 적당량
버터 1큰술

된장버터옥수수라면

된장에 버터 조합이
궁금해서 만들어 봤다.

달걀을 끓는 물에 7~8분 삶은 뒤,
찬물에 식혀 둔다.

대파를 쫑쫑 썰고,
라면은 살짝 데쳐 찬물에 헹군다.

식용유 2큰술을 두른 냄비에 대파 1/2,
다진 마늘 1/2큰술을 넣고 볶다가
된장 1/2큰술, 굴소스 1작은술을 넣고
계속 볶는다.

파가 흐물흐물해지면
물 500ml, 라면수프 1/2개, 후추 약간을 넣고
물이 보글보글 끓으면 삶아 둔 라면을 넣어
2~3분 정도 더 끓인다.

그릇에 덜어 삶은 달걀과 대파 1/2,
옥수수, 버터를 올리면 완성.

된장 국물과 버터,
옥수수가 잘 어울리고 구수하니 맛있다.

청경채, 햄 등 다양한 토핑을
얹어 먹으면 더 푸짐하고 좋다.

도토리대장의 레시피 소개 요즘 된장버터옥수수라면을 주변에서 종종 보았는데요. 애니메이션 <짱○는 못 말려>에서도 나온 것 같은데, 집 주변엔 딱히 파는 곳도 없고 맛이 궁금해서 후딱 만들어 봤습니다. 된장과 버터, 옥수수의 생소한 조합이라 '이게 맛있을까?' 싶었는데 제 취향이었어요! 된장이 들어가서 구수하면서도 계속 당기는 맛입니다. 버터가 더해져 부드러운 풍미가 느껴지고 옥수수와 파가 포인트가 되어서 먹는 재미도 있어요. 라면을 먹을 때 국물은 잘 안 먹는 편인데도 이건 국물까지 다 먹었답니다. 이 음식은 된장을 충분히 볶는 게 중요해요. 파와 다진 마늘이 잘 섞이게 충분히 볶아 줘야 맛있습니다. 물을 넣고 수프를 넣은 다음에 보글보글 끓여 주고요. 중간에 간을 보면서 남은 수프로 취향껏 간을 맞추면 됩니다. 전 두 번째 해 먹을 땐 청경채와 구운 햄을 올렸는데 이것도 잘 어울리고 좋았어요. 좀더 본격적인 '라멘'이란 느낌! 야채는 국물을 끓일 때 같이 넣고 끓여 주면 됩니다. 면으로 먹을 라면 종류는 딱히 상관없지만 얇은 면을 추천합니다. 그중에서도 안성○면! 수프가 된장 베이스라서 안성○면으로 끓이면 더 구수하고 깊은 맛이 나더라고요~

재료

토마토 2개
대파 1/2가닥
청양고추 1개
식용유 2큰술
굴소스 1작은술
두반장 1작은술
물 400ml
라면 1개
후추 약간

토마토라면

토마토 2개에 칼집을 내고 끓는 물에
1~2분 정도 데쳐 껍질을 벗겨 썰어 둔다.

대파 1/2가닥을 썰고
청양고추 1개를 잘게 다진다.

냄비에 식용유 2큰술을 두르고
대파와 토마토를 넣어 중약불로 볶다가
토마토가 흐물흐물해지면 굴소스 1작은술,
두반장 1작은술을 넣고 계속 볶는다.
(재료에 두반장이 골고루 묻을 때까지,
1분 정도)

물 400ml와 라면수프를 냄비에 넣고 끓인다.
국물이 팔팔 끓기 시작하면 라면을 넣은 뒤,
후추와 다진 청양고추를 넣고 계속 끓인다.

면이 잘 익으면 완성.

도토리대장의 레시피 소개 토마토를 넣어 라면 특유의 끝맛을 없애 깔끔해지고 순한맛이 됩니다. 라면은 얇은 면을 쓰는 게 잘 어울리고 맛있어요. 저는 평소에 라면 국물을 잘 안 먹는데도 이건 국물을 계속 마시게 됩니다. 두반장이랑 청양고추가 들어가서 매울 것 같지만 토마토 때문에 그렇게 맵진 않아요. 토마토와 더불어 국물을 시원하게 해 주는 역할을 하지요. 국물도 진한 편인데, 먹어 보면 가볍고 부드러운 맛이라 중독성이 있어요. 케첩이나 토마토소스를 넣어 만드는 거랑 맛이 다르니 생토마토를 넣어 끓이는 걸 추천합니다. 깔끔하게 먹고 싶으면 레시피대로 먹는 게 좋지만, 달걀을 넣어 먹어도 맛있어요. 식초는 굳이 안 넣어도 됩니다만 먹다가 한 번씩 넣으면 또 색다른 맛을 즐길 수 있습니다. 식초를 넣었을 때 나는 깔끔함과 개운함이 있고, 식초 향이나 맛이 그렇게 강하게 나지 않으면서도 맛에 환기를 주는 느낌이라 좋아요. 취향에 따라 추가해 보세요~!

재료

페투치니 1인분
물 500ml
소금 두 꼬집
대파 1/2가닥
마늘 4개
간장 2큰술
고춧가루 2큰술
다○다 1/2작은술
페페론치노 1개
냉동 새우 7개
생크림 200ml
식용유 2큰술
후추 약간

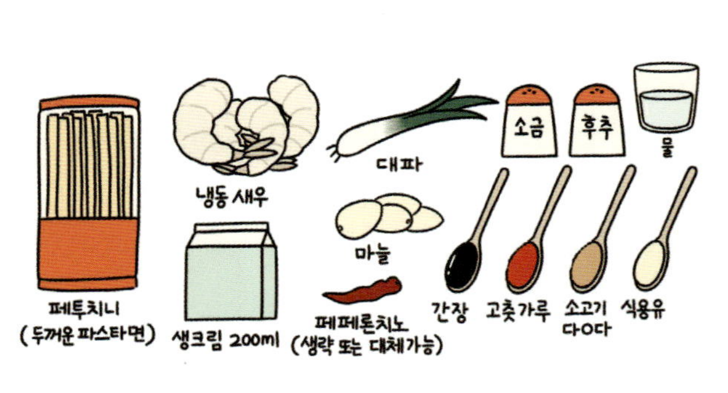

투움바파스타를
비슷하게 흉내내서
만들어 봤다.

페투치니는 소금 두 꼬집을 넣은
물 500ml에 10분 정도 삶아서 준비한다.
동시에 대파 1/2가닥은 잘게,
마늘 4개는 편으로 썬다.

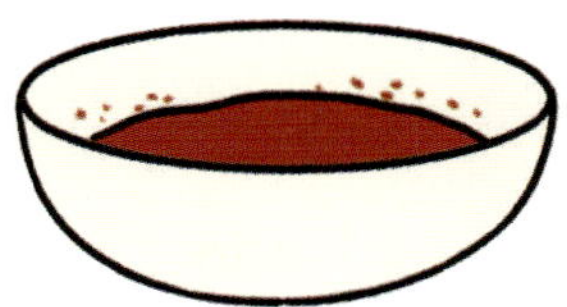

간장 2큰술, 고춧가루 2큰술,
소고기다○다 1/2작은술, 페페론치노 1개를 섞어
양념장을 만든다.

중약불로 달군 팬에
기름을 두르고 마늘을 볶다가
냉동 새우 7개를 넣고 계속 볶는다.
새우가 살짝 분홍빛을 띨 때 양념장을 넣은 뒤,
중약불에 타지 않게 저으며 볶는다.

생크림 200ml를 넣고 끓이다가
가장자리에 기포가 보글보글 올라오면
삶아 둔 면을 넣고 잘 풀면서
2~3분 정도 더 끓인다.

그릇에 담아
후추를 뿌리면 완성.

매콤한 크림과 새우, 페투치니가
잘 어울리고 맛있다.

양송이를 넣어도 좋고,
소스를 넉넉히 만들어 빵을 찍어 먹어도 좋다.

매콤하고
꾸덕해서 맛있는
투움바파스타.

도토리대장의 레시피 소개 매콤한 크림이 맛있는 투움바파스타. 가장 널리 알려진 기본 투움바파스타를 먹어 본 적이 없는데, 무슨 맛일지 궁금해서 만들어 먹었어요.(근처에 아○백이 없습니다…ㅠㅠ) 언젠가 한번 제대로 먹어 보고 싶네요! 가는 파스타 면으로도 해 봤는데 역시 굵은 페투치니로 먹는 게 제일 좋은 거 같아요. 한입 넣을 때마다 입안이 푸짐하게 가득 차고, 소스와 굵은 면이 입으로 동시에 들어오는 식감이 만족스럽답니다. 페투치니가 없다면 일반 스파게티 면도 괜찮습니다. 원래는 쪽파가 들어가는 거 같은데요. 저희 집엔 없길래 대파를 잘게 다져서 볶았어요. 양념을 넣는 방식이 천자만별이더라고요. 새우에 양념을 버무려 넣는 것도 있고, 그냥 넣는 것도 있고… 전 양념을 따로 한 번 볶는 게 더 입맛에 맞았어요. 간장양념을 볶으면 더 맛있어지니까요ㅎㅎ 단, 타지 않게 주의해 주세요! 아무래도 고춧가루가 많이 들어가므로 불이 세면 금방 탈 수 있어요. 중약불에 타지 않게 볶으며 크림을 넣으면 됩니다. 연말에 파티용 음식으로도 딱이에요! 분위기 있게 한번 도전해 보세요~

36 불고기크림파스타

재료

간장 2큰술
설탕 1큰술
다진 마늘 1/2큰술
참기름 약간
후추 약간
대파 1/2가닥
청양고추 1개
소고기 80g
스파게티 면 1인분
물 500ml
소금 두 꼬집
식용유 2큰술
생크림 200ml

불고기크림파스타

간장 2큰술, 설탕 1큰술, 다진 마늘 1/2큰술, 참기름 약간, 후추 약간을 섞은 양념장에 대파 1/2가닥과 청양고추 1개를 다져 넣고 소고기 80g을 버무려 실온에 15분 정도 재운다.

스파게티 면은
소금 두 꼬집을 넣은
물 500ml에 8분 정도 삶아
준비한다.

식용유 2큰술을 두르고
달군 팬에 재워 둔 고기를 넣고
중약불로 볶는다.

고기가 갈색빛으로 익으면
생크림 200ml를 넣고 끓인다.
양념장이 잘 섞이면 삶아 둔 면을 넣고
3분 정도 더 끓인다.

그릇에 담아 후추를 뿌리면 완성.

달짝지근한 간장양념의 감칠맛과
크림이 잘 어울린다.

매콤하면서도 짭짤한 불고기크림맛이
밥이랑도 잘 어울릴 것 같다.

도토리대장의 레시피 소개 불고기와 크림파스타를 동시에 맛볼 수 있는 색다른 파스타! 달짝지근한 불고기와 농후한 크림이 아주 잘 어울려요. 대파와 마늘, 간장양념 등을 볶을 때 나는 감칠맛이 아주 좋더라고요~ 소고기는 미리 양념해 둬야 속까지 간이 배서 더 맛있습니다. 불고기나 샤부샤부용 소고기로 하면 오래 재울 필요 없이 10분 정도면 돼요. 파스타 면을 삶기 전에 미리 재워 두니 딱 맞았어요. 청양고추를 잘게 다져 넣으면 매콤한 맛이 키포인트가 되고, 질리지 않고 끝까지 맛있게 먹을 수 있습니다. 불고기크림이 맛있어서 소스까지 다 긁어먹게 돼요ㅎㅎ 달지 않은 불고기 맛에 살짝 매콤하고 부드러운 크림이라 밥을 비벼 먹어도 맛있을 것 같습니다! 면 대신 밥을 넣으면 불고기크림리조또가 되겠죠? 색다르게 기분 내기 좋은 레시피인 것 같아요.

37

매콤하고 맛있는
순살치즈불닭

재료

고춧가루 1큰술 반
간장 1큰술 반
올리고당 1/2큰술
다진 마늘 1/2큰술
청양고추 1개
후추 약간
불○볶음면 1개
닭가슴살 2덩이
대파 1/2가닥
식용유 2큰술
피자치즈 60g

순살치즈불닭

불○볶음면을
이용하여 간단하게
만들어 보았다.

고춧가루 1큰술 반, 간장 1큰술 반,
올리고당 1/2큰술, 다진 마늘 1/2큰술,
청양고추 1개, 후추 약간, 불○소스 1봉을 섞어
양념장을 만든다.

닭가슴살 2덩이를 한입 크기로 자르고,
대파 1/2가닥을 쫑쫑 썰어 준비한다.

팬에 식용유 2큰술을 두르고
중약불로 달군 뒤 파를 넣고 볶다가
닭가슴살을 넣고 겉이 하얗게 될 때까지
계속 볶는다.

만들어 둔 양념장을 넣고
고기가 익을 때까지 중약불에 타지 않게 볶는다.
동시에 컵라면에 끓는 물을 부어 2분 정도 익힌다.

익은 고기를 접시에 옮긴 뒤, 팬에 남아 있는 양념에
익은 면을 넣고 20~30초 정도 볶는다.

익은 고기 옆에
볶은 면을 덜고 피자치즈를 올린 뒤,
전자레인지에 1~2분 돌리면 완성.

도토리대장의 레시피 소개 불○볶음면을 이용해 간단하게 만들어 본 메뉴입니다. 매콤하고 칼칼한 소스와 쫄깃한 닭가슴살이 잘 어울리고, 치즈를 듬뿍 올리니 전체 조합이 좋았어요. 닭 순살은 좋아하는 부위를 자유롭게 넣어도 됩니다. 닭다리살을 쓰면 더 연하고 촉촉하겠죠? 레시피는 넉넉한 1인분 정도이지만 닭고기의 양을 늘리고 싶다면 간장 2큰술~2큰술 반에 봉지로 된 불○볶음면을 쓰면 됩니다. 전 혼자 해 먹어서 큰 컵이 딱 푸짐하고 소스 양도 적당해서 좋았어요. 가스를 두 번 쓰지 않아도 되어서 더 좋았고요ㅎㅎ 닭이 익은 정도를 알아보려면 제일 큰 조각을 잘라 보면 됩니다. 안까지 하얗게 되었다면 전부 익은 거예요. 주걱으로 눌러 봤을 때 물컹하지 않고 살짝 단단하게 탱탱한 정도랍니다. 고기가 얼추 익었을 때쯤, 컵라면 안의 면을 준비하면 됩니다. 끓는 물을 붓고 2분 정도 후에 물을 버린 뒤, 고기를 다 볶고 남은 양념에 넣어 빠르게 볶으세요. 사실 고기만큼 라면사리도 맛있어서 자꾸 생각나더라고요ㅎㅎ 든든해서 식사용으로도 좋고, 매콤하면서 짭짤해서 안주용으로도 좋은 메뉴 같습니다.

38 알싸하고 맛있는 마제소바

재료

부추 40g
대파 1/2가닥
식용유 2큰술
다진 마늘 1큰술
소금 두 꼬집
다진 돼지고기 300g
두반장 1큰술 반
굴소스 1큰술 반
고춧가루 1/2큰술
후추 약간
중화 면 1개
달걀 1개

부추 40g과 대파 1/2가닥을 잘게 썬다.

냄비에 식용유 2큰술을 두른 뒤,
다진 마늘 1큰술과 소금 두 꼬집,
다진 돼지고기 300g을 넣고 중불로 볶는다.

고기가 익기 시작하면 두반장 1큰술 반,
굴소스 1큰술 반, 고춧가루 1/2큰술,
후추 약간을 넣고 중약불로
고슬고슬하게 볶아 둔다.

중화 면은 3~4분 삶은 뒤, 찬물에 씻고
먹기 전에 따뜻한 물로 한 번 씻어 물기를 뺀다.
또는 원하는 면을 취향에 따라 삶는다.

부추, 대파, 다진 마늘, 볶은 돼지고기를 면 위에 얹고,
노른자를 올리면 완성.

도토리대장의 레시피 소개 마제소바가 궁금해서 만들어 봤습니다. 익숙한 맛일 줄 알았는데 처음 먹는 오묘한 맛이었어요. 알싸한데 고소하고, 짭짤한데 또 짜지 않으며 맛있는 느낌? 이왕 만드는 거, 제대로 만들고 싶어서 중화 면을 사서 만들었더니 쫄깃한 게 잘 어울렸어요. 면은 두껍지 않은 칼국수 면이나 라면사리도 잘 어울릴 것 같아요. 그리고 마제소바 레시피를 찾아봤을 때 짜다는 평이 많았는데요. 물기 없는 고기 양념을 면에 비벼서 먹는 것이기에, 고기가 안 짜면 맛이 안 나더라고요. 그래서 저도 고기를 볶을 때 일부러 좀더 짜게 만들었어요. 그래도 짠 게 싫다면 소금을 생략해 주세요. 이 음식은 두반장을 넣으니 중화요리 느낌이 나서 좋았어요. 그 특유의 맵고, 끝이 알싸한 맛이 포인트가 되어서 중독성 있답니다. 부추와 생마늘, 파가 들어가다 보니 생각보다 알싸~하고 맵더라구요ㅠ 특히 부추와 생마늘이 합쳐져서 더 그랬겠지만, 이 둘이 내는 풍미가 또 엄청 중독적입니다. 매운 걸 못 드시는 분들은 고기가 따뜻할 때 부추를 넣고 섞어서 올리거나 생마늘을 생략하면 돼요.

떡볶이

재료

고추장 1큰술 듬뿍
올리고당 3큰술 반
다진 마늘 1/2큰술
카레가루 1작은술
다○다 1작은술
후추 약간
양배추 1공기
대파 초록 부분 3가닥,
흰 부분 1토막
물 300ml
떡볶이 떡 1공기
(150~200g)
어묵 2장

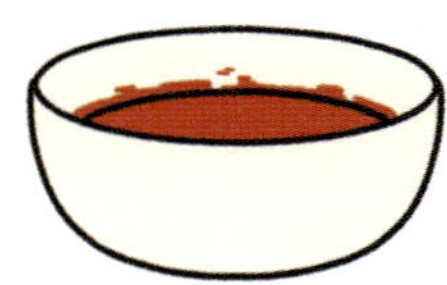

고추장 1큰술 듬뿍, 올리고당 3큰술 반,
다진 마늘 1/2큰술, 카레가루 1작은술,
소고기다○다 1작은술, 후추 약간을 섞어
양념장을 만든다.

준비한 양배추와
대파를 썰어 둔다.

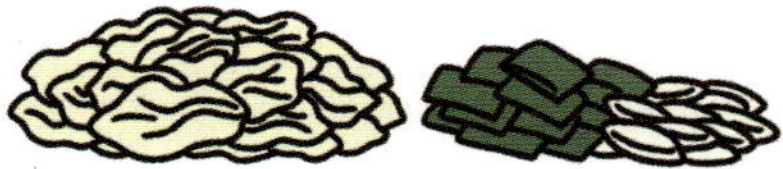

물 300ml에 양념을 잘 풀고
준비한 양배추와 파를 넣어 끓인다.

국물 가장자리가 끓기 시작하면
떡과 어묵을 넣고 중약불에 끓이면서 졸인다.

국물을 충분히 졸이면 완성.

도토리대장의 레시피 소개 그동안 수많은 떡볶이를 만들어 보고 실패했는데요. 이 떡볶이를 만든 이후로는 정착했습니다! 평소에 떡볶이를 자주 사 먹는데, 가끔은 옛날에 분식집에서 사 먹던 매콤달콤한 부드러운 떡볶이가 그리워요. 그럴 때 딱히 사 먹을 만한 곳이 없더라고요. 그래서 그 맛으로 해 먹자, 하고 만든 게 이 레시피입니다. 이 떡볶이의 포인트는 올리고당이에요. 꼭 올리고당을 써야 합니다! 그래야 적당한 농도가 되고, 나중에 다 만들었을 때 윤기도 나거든요.(없다면 물엿이라도…) 설탕으로도 해 봤는데 대체가 안 되고 맛도 다르니 꼭 올리고당을 쓰세요. 고추장은 밥숟가락 넘치게 1큰술 듬뿍이에요. 재료들을 넣고 충분히 졸아들게 끓이는 게 또 다른 포인트랍니다. 처음엔 물이 많이 나와서 망했나 싶겠지만 중간중간 저으면서 졸이듯 끓이면 어느 순간 분식집 떡볶이처럼 되니, 불안해하지 말고 잘 졸여 주세요. 전 집에서 만든 떡볶이를 떠올릴 때면 파와 양배추가 생각나서 꼭 넣게 되더라고요. 여러분은 직접 만든 떡볶이에 어떤 재료를 넣는 게 좋은가요?

40 바질크림떡볶이

재료

베이컨 4줄
떡볶이 떡 1공기
다진 마늘 1/2큰술
냉동 새우 5개
생크림 250ml
페페론치노 2개
후추 약간
굴소스 1/2작은술
바질페스토 1큰술 반

바질크림떡볶이

베이컨 4줄을 한입 크기로 썰고
떡볶이 떡 1공기 분량을 씻어서 준비한다.

다진 마늘 1/2큰술과 베이컨,
냉동 새우 5개를 넣고 볶는다.

새우가 투명한 분홍빛을 띠면
생크림 250ml를 넣고 중약불에 끓인다.
여기에 잘게 부순 페페론치노 2개 분량과
굴소스 1/2작은술을 넣은 뒤,
후추를 3번 정도 톡톡 뿌린다.

씻어 둔 떡을 넣고 중약불로 끓이다가
떡이 말랑해지면 불을 끄고
바질페스토 1큰술 반을 넣어 잘 섞는다.

그릇에 덜어
후추를 뿌리면 완성.

도토리대장의 레시피 소개 바질크림에 떡볶이라니 상상이 안 가는 조합이었는데 생각보다 더 잘 어울리고 맛있었습니다. 부드럽고 진한 크림소스에 바질페스토가 들어가 향긋하면서 고소하고 풍미가 좋아요. 떡의 쫀득하고 말랑한 식감 덕에 훨씬 덜 질리는 맛이고, 일부러 좀 꾸덕하게 만들었더니 떡과 더 잘 어울렸던 것 같습니다. 소스가 더 많길 바란다면 우유를 한 컵 정도 더 넣고 바질페스토 1/2큰술을 추가로 넣거나 굴소스 1/2작은술을 더 넣어 보세요. 페페론치노가 2개나 들어가서 맵지 않을까 걱정할 수도 있지만, 별로 안 매웠어요. 아무래도 기본 크림에 느끼하고 짭짤한 바질페스토까지 들어가니까 2개 정돈 넣어야 덜 느끼합니다. 최근 만들어 본 음식 중 가장 느끼하지만, 향긋하고 고소한 바질페스토 향기와 맛이 계속 입맛을 당기게 해 주는 것 같아요. 남은 떡볶이 소스에는 삶은 라면사리를 넣어 비벼 먹었는데 꾸덕하면서 진하니 맛있었답니다. 한동안 느끼한 걸 먹고 싶을 때마다 바질크림떡볶이를 해서 남은 소스에 라면사리를 비벼 먹었던 것 같네요ㅎㅎ

재료

고추장 1큰술
간장 1큰술
설탕 1/2큰술
고춧가루 1큰술 반
다진 마늘 1/2큰술
토마토 스파게티소스 2큰술
베이컨 2~3줄
물 200ml
생크림 100ml
떡볶이 떡 1공기
중국당면 6줄
후추 약간

로제떡볶이

우선 당면을 물에 불려 놓는다.

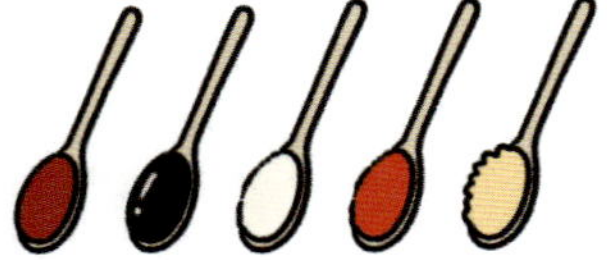

고추장 1큰술, 간장 1큰술, 설탕 1/2큰술,
고춧가루 1큰술 반, 다진 마늘 1/2큰술을
넣어 양념장을 만든다.

양념장에
토마토 스파게티소스 2큰술을 넣어
잘 섞어 준다.

베이컨 2줄을 볶다가
물 200ml와 양념장을 넣은 뒤,
떡과 불린 당면을 넣고 끓인다.

생크림 100ml를 넣고
후추를 약간 뿌린 뒤, 약불에 졸이듯 끓인다.

소스가 꾸덕해지면 완성.

로제소스와 떡볶이의
중간 맛이다.

남은 소스에 밥을 볶아 먹어도 맛있다.

도토리대장의 레시피 소개 한동안 유행했던 로제떡볶이입니다. 저희 집 근처엔 파는 데가 없어서 만들어 먹었는데요. 떡볶이 양념에서 고추장 양을 줄이고 토마토 스파게티소스로 대체하니 뭔가 제가 예상한 로제 맛이 나서 신기했어요. 중국당면을 사리로 넣긴 했는데 라면이나 우동 면 등 다른 면이랑도 아주 잘 어울릴 소스입니다. 떡볶이소스에 크림이랑 토마토맛이 은은하게 나는 느낌이 좋아요. 베이컨이 아니어도 햄이나 소시지, 새우 등을 넣어도 맛있을 거 같고요. 야채를 넣는다면… 저는 다 떨어져서 안 넣었지만, 양파 정도를 더 넣으면 좋을 듯합니다. 사 먹는 로제떡볶이는 어떤 맛일지 궁금한데… 언젠가 먹을 날이 있겠죠?!(이 글을 작성한 후 파는 곳이 많아져서 지금은 사 먹을 수 있게 되었지요. 행복합니다~)

42 짜장떡볶이

짜장떡볶이

짜장떡볶이에 도전해 봤다.

짜장가루 3큰술, 고춧가루 1/2큰술,
설탕 1/2큰술을 섞어서 준비한다.

양배추 1/5개를 채 썰고(밥그릇 1/2 공기 정도),
어묵은 한입 크기로 잘라 준비한다.

냄비에 물 400ml를 붓고
잘라 둔 양배추와 같이 끓이다가
섞어 둔 가루 재료와 고추장 1큰술을 넣고
다시 끓인다.

씻은 떡과 어묵을 넣고 끓이다가
떡이 말랑해지면 라면사리 1개를 넣는다.

라면을 넣고
3~4분 정도 더 끓이면 완성.

도토리대장의 레시피 소개 전부터 해 보고 싶었는데 드디어 해 먹었습니다! 메인이 짜장맛이긴 한데 짜장가루만 넣으면 심심할 거 같아서 고추장을 넣으니 딱 먹기 좋더라고요. 입에 감기는 맛이었어요. 양배추를 안 넣어도 상관없지만 개인적으로 전 짜장에 양배추가 들어 있는 걸 무척 좋아해서 넣은 게 더 맛있는 거 같아요. 양배추의 단맛도 있어서 맛이 좀더 풍부해지는 느낌이에요. 참, 떡도 떡이지만 라면사리가 정말 잘 어울리는 떡볶이입니다. 떡, 어묵 빼고 라면만 넣어서 짜장볶이로 해 먹어도 맛있더라고요! 고추장떡볶이, 크림떡볶이랑 확연하게 다른 맛이라 새로운 느낌이면서도 친숙한 맛이 납니다. 양이 푸짐해서 가족들과 같이 먹기에 좋았어요~

기타

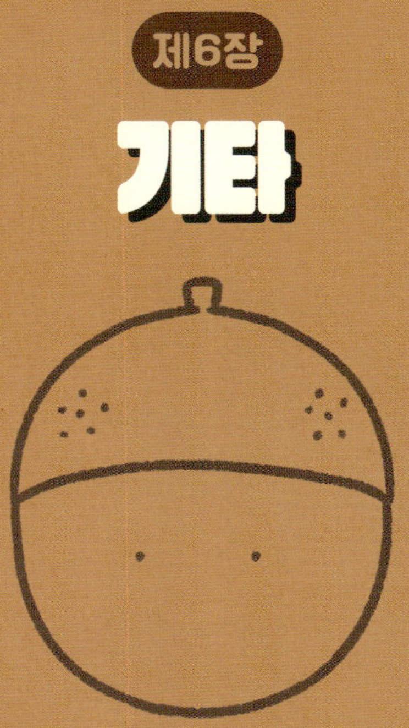

재료

닭가슴살 2덩이
소금 1작은술
다진 마늘 1/2큰술
베이킹파우더 1/2큰술
맛술 약간
후추 약간
양배추 1/2공기
식용유 1큰술
페페론치노 1개

※닭가슴살 2덩이를 재우는 레시피이지만
구울 땐 1덩이만 사용했습니다.

닭가슴살&양배추

소금 1작은술, 다진 마늘 1/2큰술,
베이킹파우더 1/2큰술, 맛술 약간,
후추 약간을 넣고 섞은 양념을
닭가슴살에 발라 10분 정도 재운다.

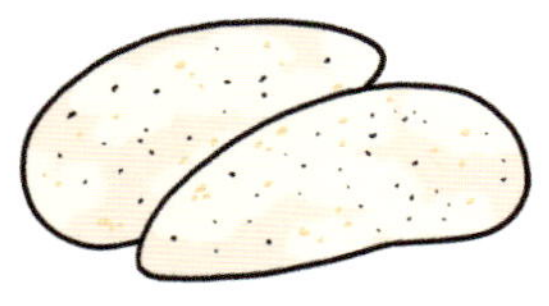

양배추 1/2공기를 한입 크기로 썬다.

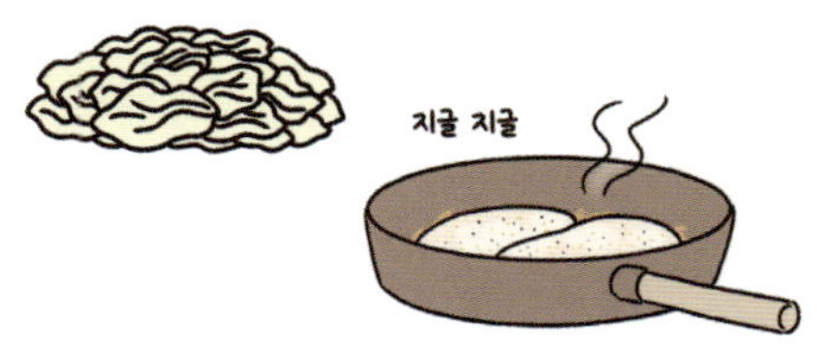

중불로 달군 팬에 식용유 1큰술을 두르고
양념한 닭가슴살을 겉이 노릇하게 될 때까지 굽는다.

닭가슴살이 반쯤 잠길 정도의 물을 넣고
뚜껑을 덮어 물이 졸아들 때까지 익힌다.

닭가슴살을 꺼내 두고,
국물이 자작하게 남은 팬에 썰어 둔 양배추와
페페론치노 1개를 넣어 촉촉하게 볶는다.

닭가슴살 위에
양배추볶음을 올리면 완성.

촉촉하니 맛있는 닭가슴살&양배추.

도토리대장의 레시피 소개 이건 레시피라고 하기엔 뭐한… 너무 단순한
요리네요. 하지만 맛은 보장합니다! 베이킹소다로 닭가슴살을 재우면 육질이 부드
러워진다길래 시도해 보려 했지만 저는 집에 베이킹파우더만 있어서 그걸로 대체했
어요. 베이킹파우더로 해도 잘되는 거 같습니다! 혹시나 해서 맛술도 넣었는데 없으
면 생략해도 상관없을 듯하네요. 닭가슴살만 구워 먹기가 좀 그래서 굽고 남은 국물
에 양배추를 조금 넣고 볶았는데 이게 더 맛있었어요ㅎㅎ 매콤하기도 하고, 닭국물
을 머금은 양배추가 소스처럼 자연스럽게 고기와 잘 어울렸답니다. 국물에 간이 되
어 있어서 따로 간은 하지 않았습니다. 맛을 보고 심심하면 간장 1큰술을 넣어 볶아
도 감칠맛이 돌아 맛있답니다.

재료

감자 1개
소금 1/2큰술 & 두 꼬집
버터 1큰술
밀가루 3큰술
식용유 2~3큰술

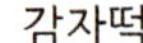

감자로 간단하게 만들어 먹기 좋다.

감자 1개를 잘게 썰고 끓는 물에 소금 1/2큰술과 함께 넣어 감자가 부드러워질 때까지 익힌다.

다 익은 감자를 채반에 받쳐
물기를 빼고 큰 볼에 넣어 으깬다.

으깬 감자에 버터 1큰술,
소금 두 꼬집을 넣고 섞다가
밀가루 3큰술을 넣어
가루가 보이지 않을 때까지 잘 섞는다.

반죽을 한입 크기로
동그랗게 빚는다.

팬에 식용유 2큰술을 두르고
감자 반죽을 중약물로 굽는다.

겉을 노릇하게 구우면 완성.

감자의 포슬포슬함과
살짝 쫀득한 식감이 잘 어울린다.

파스타소스를 부어 조리하여
뇨끼처럼 먹어도 맛있다.

도토리대장의 레시피 소개 감자랑 밀가루로 간단하게 만들어 먹었습니다!
원래는 뇨끼를 하려고 했는데 뇨끼 안에 들어가는 재료가 생각보다 많더라고요. 그래서 재료를 많이 생략하고 감자, 밀가루, 버터를 넣어 만들었는데 고소하고 맛있었어요. 물에 데치지 않아도 돼서 더 편하고요. 이 반죽은 물에 데치면 오히려 쉽게 풀어져서 좋지 않습니다ㅠㅠ 노릇하게 굽기만 하면 금방 익어요. 구워서 바로 먹으면 포슬포슬한 느낌이 강한데, 살짝 식으면 쫀득한 식감이 살아납니다. 다양한 식감으로 즐길 수 있어서 더 맛있는 거 같아요ㅎㅎ 감자는 보통에서 살짝 큰 사이즈면 됩니다. 그 크기면 한입 크기로 1인분이 나오거든요. 그냥 먹어도 좋지만 전 뇨끼처럼 파스타소스랑 같이 먹는 게 색다르고 좋더라고요. 고소한 감자떡이랑 파스타소스가 잘 어울린답니다. 좋아하는 소스를 만들어서 같이 곁들여 보세요.

고소한 표고버섯 풍미가 매력적인
표고버섯수프

표고버섯 2개
식용유 3큰술
버터 2큰술
밀가루 1/2큰술
우유 200ml
소금 1/2작은술
후추 약간

표고버섯수프

표고버섯 2개를 잘게 다진다.

팬에 식용유 3큰술을 둘러 달군 뒤,
표고버섯이 바삭하고 노릇해질 때까지
중불로 최대한 바짝 볶는다.

냄비에 버터 2큰술을 녹인 뒤,
밀가루 1/2큰술을 넣고 우유 200ml를
2~3번에 나눠 넣으며 잘 풀어 주고
약불에 뭉근히 끓인다.

볶은 표고버섯과 소금 1/2작은술,
후추를 약간(2번 정도 톡톡) 넣고
살짝 걸쭉해질 때까지 약불에 계속 끓인다.

그릇에 담아 후추를 뿌리면 완성.

기본 우유수프에
노릇하게 볶은 표고버섯의
깊고 고소한 향이 더해져 더욱 맛있다.

빵을 곁들여 먹어도 좋고,
숏 파스타를 삶아 넣어도 잘 어울린다.

도토리대장의 레시피 소개 저는 수프를 참 좋아해요. 그동안 여러 종류를 만들어 봤는데, 최근에 만들어 본 수프 중에 가장 간단하면서도 맛있었어요. 치킨스톡 같은 육수 조미료도 필요 없고 재료도 표고버섯뿐이라 준비가 손쉽지요. 이 음식에서 가장 중요한 건 표고버섯을 완전히 바짝 볶는 거예요. 주걱으로 섞었을 때 바삭거릴 정도로 노릇하게 볶아야 제대로 맛이 납니다. 볶을수록 버섯 특유의 비린 맛이 없어지고 표고버섯의 향과 고소한 맛이 배가 돼요. 수프에 넣고 끓이면 바삭했던 버섯이 쫀득해져서 식감도 좋고요. 잘 볶은 표고버섯의 고소하고 깊은 맛이 좋아서 자꾸 생각나고, 이 수프 덕에 표고버섯을 좋아하게 되었습니다ㅎㅎ 오래 끓일 필요도 없이 수프가 살짝 걸쭉해질 때까지만 끓이면 끝이에요. 딱 한 그릇 나오는 레시피라서 아침이나 간식으로 먹기에 부담스럽지 않습니다. 꼭 버섯을 바짝 볶아 주세요!!!

아침또띠아

식용유 1큰술을 두른 팬에 달걀 1개를 깨어 노른자를 풀어 주며 중약불에 부친다.

펼친 달걀 위에 소금 한 꼬집, 설탕 1/2작은술, 후추 약간, 피자치즈 50g을 뿌린다.

그 위에 또띠아를 덮고 골고루 눌러 준 뒤,
달걀과 같이 한번에 뒤집는다.

달걀 위에 마요네즈 1/2큰술을 뿌리고
반으로 접은 뒤, 겉면을 굽는다.

겉이 노릇하게 익고 치즈가 녹으면 완성.

도토리대장의 레시피 소개 자취할 때 간단하게 아침밥으로 종종 먹은 음식이에요. 또띠아에 달걀과 치즈, 마요네즈를 올려 고소하고 담백하게 먹는 게 포인트입니다. 양이 좀 적은 것 같아 보이지만 먹다 보면 생각보다 더 든든하고 맛있어요. 달걀이 완전히 익기 전에 치즈를 올려 또띠아를 덮는 게 좋습니다. 주로 피자치즈를 쓰지만 다른 치즈를 써도 맛있으니 취향과 여건에 따라 다른 치즈를 올려 만들어 보세요. 마요네즈와 치즈가 들어가기 때문에 느끼한 걸 잘 못 먹는다면 좀 힘들 수도 있어요. 치즈를 뿌리고 고춧가루나 페페론치노가루를 약간 뿌리면 살짝 매콤해져서 좋습니다. 담백한 맛이라 시리얼이나 커피, 샐러드 등 여러 가지를 곁들여 먹기에도 좋아요. 취향껏 좋아하는 재료를 더 넣어 풍성한 맛을 즐길 수 있지요. 저는 옥수수를 뿌려서 먹은 적이 있는데 잘 어울리더라고요. 아침은 이렇게 별 생각 없이 간단히 만들 수 있는 레시피가 가장 좋은 것 같아요.

47 에그인헬

재료

식용유 2큰술
다진 마늘 1작은술
양파 1/2개
소금 한 꼬집
소시지 적당량
카레가루 1/2작은술
고춧가루 1/2작은술
굴소스 1작은술
물 4큰술
토마토 스파게티소스 8큰술
달걀 3개
후추 약간

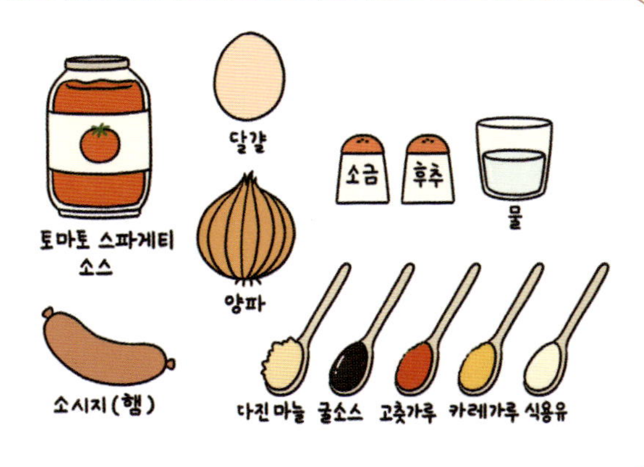

적당한 크기로 자른 소시지를 넣고
양파가 투명해질 때까지 볶는다.

카레가루 1/2작은술, 고춧가루 1/2작은술,
굴소스 1작은술을 넣고 볶다가 물 4큰술,
토마토 스파게티소스 8큰술을 넣는다.
(물과 토마토 스파게티소스 비율을 1:2로)

소스 위에 달걀을 넣고
뚜껑을 덮어 약불에 익힌다.
흰자가 하얗게 변하면 얼추 다 익은 것!

먹기 전에 후추를 뿌리면 완성.

빵에 올려 먹으면 맛있다.

남은 소스에
스파게티를 넣어 먹어도 좋다.

도토리대장의 레시피 소개 에그인헬은 처음 만들어 보고 반해서 한때 엄청 먹었어요. 처음엔 태우기도 하고 달걀을 언제까지 익혀야 할지 몰라서 거의 날달걀 상태로 먹은 적도 있고요ㅎㅎ 여러 시행착오를 겪으면서 가장 제 입맛에 맞는 방법을 찾았을 때, 정말 기뻤어요! 요리는 여러 번 해 보면서 자신에게 가장 잘 맞는 걸 찾아가는 게 참 재밌는 거 같아요. 물론 실패도 많이 하지만… 내가 가장 좋아하는 맛을 발견했을 때의 기분은 정말 좋거든요…! 다들 이 만화를 통해 맛있게 해 드시는 걸 보면 제가 다 뿌듯하답니다ㅎㅎ 제 만화를 좋아해 주셔서 정말 감사하고 앞으로도 많이, 즐겁게 해 드시면 좋겠어요.

48 스키야키

재료

샤부샤부용 고기
원하는 만큼
대파 약간
갖가지 버섯 적당히
인스턴트 우동 1봉지
간장 2큰술 반
설탕 1작은술
물 250ml
식용유 1큰술
달걀 1개
참기름 약간

스키야키는
좋아하는 재료를
듬뿍 넣고
만들 수 있어서 좋다.

우동 속 액상 수프에 간장 2큰술 반,
설탕 1작은술을 잘 섞은 뒤,
물 250ml 정도를 넣는다.

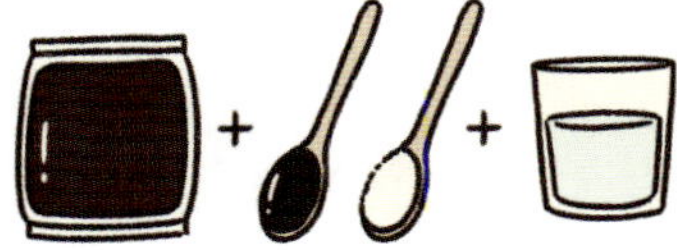

원하는 재료를 준비한다.

냄비에 식용유 1큰술을 두르고
샤부샤부용 고기를 가볍게 굽는다.
(완전히 익힐 필요 없음)

재료가 잠기지 않도록,
소스를 절반 정도 붓는다.

뚜껑을 덮고 중약불에서 끓인다.

재료가 다 익으면 완성.

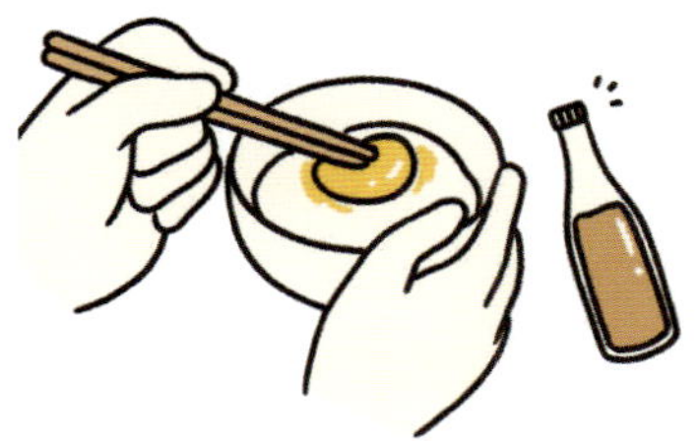

도토리대장의 레시피 소개 스키야키를 보면 카○키군이 생각납니다. 언제쯤 생각이 안 날까 싶네요ㅎㅎ 어릴 때 <짱○는 못 말려>를 보면 날달걀에 샤브샤브를 찍어 먹길래 엄청 궁금했는데 그게 스키야키일 줄이야… 그러다 시간이 흘러 이상적인 스키야키를 접하면서 스키야키를 만드는 과정을 볼 수 있었는데요. 전골과 구이 중간 사이의 요리로 완성되어 정말 맛있어 보이더라고요. 간장양념이 밴 짭짤한 야채와 고기, 달걀의 부드러운 맛에 계속 먹을 수 있을 듯한 기분이에요ㅎㅎ 이 날달걀을 찍어 먹는 맛에 반해서 가끔 짜게 끓인 라면에 달걀을 찍어 먹기도 합니다. 자취할 때 최대한 간단한 재료를 사서 혼자 해 먹었던 레시피예요. 좋아하는 걸 잔뜩 넣어서 맛있게 해 드시면 좋겠습니다. 솔직히 정석이 어디 있겠어요. 맛있으면 장땡이죠!

49 감자수프

재료

감자 2개
양파 1개
소금 한 꼬집
& 1작은술
다진 마늘 1/2큰술
다○다 1/2큰술
물 250ml
우유 200ml
생크림 200ml
후추 약간

식감이 부드럽고
감자 향이 은은해서
좋다.

감자 2개를 한입 크기로, 양파 1개를 잘게 썬다.
냄비에 양파와 소금 한 꼬집을 넣고
살짝 노릇해질 때까지 볶다가
다진 마늘과 감자를 넣고 계속 볶는다.

소고기다○다 1/2큰술과 물 250ml,
우유 200ml를 넣고
감자가 부드러워질 때까지 끓인다.

끓인 재료를 믹서기로 갈아서 체에 거른 뒤,
중약불로 끓이기 시작한다.

가장자리가 끓기 시작하면 생크림 200ml,
소금 1작은술을 넣고 중약불로 계속 끓인다.

기호에 맞는 농도가 되면
불을 끄고 그릇으로 옮긴다.
후추를 톡톡 뿌리면 완성.

도토리대장의 레시피 소개 1인분 레시피이지만 가끔은 엄청 큰 냄비에 가득 끓여서 가족들이랑 함께 먹기도 합니다. 보글보글 끓이는 게 참 재밌거든요. 볶고, 갈고, 끓이는 과정이 길어 보이겠지만, 사실 믹서기로 간 뒤에 수프가 살짝 끓으면 되는 거라 10분 안에 끝나기 때문에 생각보다 만들어 먹기 쉬워요! 생크림이 없다면 우유를 더 넣어 대체해도 됩니다. 하지만 생크림이 좀더 깊고 부드러운 맛이 나기 때문에 가급적 넣는 걸 추천해요. 감자가 들어가서 수프만 먹어도 든든하고 구운 빵과도 잘 어울린답니다. 감자 향이 은은하게 나는 매력 있는 수프! 감자가 제철일 때 한 번 만들어 보면 좋을 거 같아요~

재료

냉동 새우 8~10마리
소금 세 꼬집
고춧가루 1/2작은술
후추 약간
타임 약간
마늘 8~10개
올리브유 적당량
페페론치노 1개

냉동 새우를 이용해
간단하게 만들어 보았다.

냉동 새우를 물에 씻은 뒤,
소금 한 꼬집과 고춧가루 1/2작은술,
후추와 타임 약간씩을 넣어 양념한다.
(타임은 생략 가능)

마늘 8~10개를
도톰하게 편으로 썬다.

마늘이 살짝 잠길 만큼 올리브유를 넣고
약불로 끓인다. 기름이 끓기 시작하면
페페론치노 1개를 잘게 부숴 넣는다.

양념한 새우를 넣은 뒤, 소금 두 꼬집과
후추, 타임을 약간씩 넣고 끓인다.
(타임은 생략 가능)

새우가 익으면 완성.

도토리대장의 레시피 소개 새우와 마늘, 올리브유를 듬뿍 넣고 만든 감바스입니다! 요즘엔 밀키트로도 많이 나오는데요. 전 마늘, 새우만 들어간 게 좋아서 직접 해 먹는 편이에요. 집에서 만들면 재료를 원하는 만큼 넣을 수 있어서 좋그요. 만들 때 오목하고 좁은 팬을 쓰는 걸 추천합니다. 기름이 보글보글 끓어야 하기 때문에 냄비로 하는 편이 기름도 덜 튀고 안전하게 만들 수 있어요. 기름이 너무 적으면 마늘이 금방 탈 수 있으니 기름은 넉넉히, 불은 꼭 약불로 조리해 주세요! 약불에 마늘을 오래 끓여야 향과 맛이 잘 우러나옵니다. 그리고 새우를 넣을 때 최대한 기름과 가까이, 조심히 넣어 주세요. 던지듯 넣으면 정말 큰일납니다ㅠㅠ 간은 불을 끄고 기름이 보글대지 않을 때에 기름을 살짝 맛보면 돼요. 입맛에 따라 간을 더 추가해도 좋습니다. 마늘기름은 바게트와 잘 어울리는데요. 만약 기름이 넉넉하게 남았다면 파스타를 넣어서 맛있는 오일파스타를 즐길 수 있습니다! 생각보다 간단하고 맛도 좋아서 종종 해 먹는 요리예요. 파티 음식으로도 괜찮고 친구나 가족들과 같이 먹어도 좋고, 혼자 기분 낼 때 만들어 먹어도 좋은 다방면 레시피랍니다.

마늘 향이 고소하고 풍미 있는
구운 마늘수프

재료

식용유 2큰술
마늘 한 움큼
물 200ml
버터 2큰술
밀가루 1큰술 반
우유 200ml
소금 1/2작은술
다○다 1/2작은술
후추 약간

구운 마늘수프

식용유 2큰술을 두른 냄비에
마늘 한 움큼을 넣고
약불에 노릇해질 때까지 볶는다.

구운 마늘을 물 200ml와 함께
믹서기에 넣고 곱게 간다.

같은 냄비에 버터 2큰술을 녹인 뒤,
밀가루 1큰술 반을 넣고 볶다가
우유 200ml를 여러 번 나누어 넣으며 끓인다.

수프 베이스에 갈아둔 마늘 페이스트를 넣어
중약불에 보글보글 끓이면서 소금 1/2작은술,
소고기다○다 1/2작은술을 넣는다.

그릇에 담아 후추를 뿌리면 완성.

도토리대장의 레시피 소개 수프를 끓이는 방법은 여러 가지가 있는데요. 그중 하나인 밀가루와 버터를 볶아 '루'를 만들어 이용하는 방식으로, 구운 마늘을 듬뿍 넣고 끓여 봤습니다. 확실히 루를 베이스로 수프를 만드니 버터 특유의 향도 나고 딱 대중적인 수프 맛이 나서 좋더라고요~ 거기에 마늘을 많이 넣으면 느끼하지도 않고 마늘 향이 나서 풍미도 좋습니다. 마늘을 좋아한다면 실패할 리 없는 맛! 마늘이 많이 들어가서 건강에도 좋지 않을까요?ㅎㅎ 마늘이 크지 않다면 통으로 약불에 구워도 되는데요. 너무 크고 두껍다면 칼로 2등분 해서 쓰는 걸 추천합니다. 마늘은 조금만 방심해도 쉽게 타고 눌어붙기 때문에 차라리 통으로 넣고 약불로 느긋하게 볶는 게 훨씬 나아요. 수프 베이스 같은 경우, 루가 우유와 잘 섞이도록 우유를 조금씩 나눠 넣으며 골고루 잘 섞이게 저어 주는 게 중요합니다. 우유를 한번에 넣으면 그대로 덩어리지게 됩니다! 수프는 중약불에 뭉근하게 끓여 눌어붙지 않게 잘 저어 주면 금방 완성이에요! 원래 수프를 만들 때에는 잘 저어 주는 게 일이랍니다ㅠㅠ

52 오코노미야키

재료

베이컨 2줄
냉동 새우 5개
양배추 3/5공기
소금 두 꼬집
설탕 1/2작은술
참치액 1작은술
달걀 1개
후추 약간
튀김가루 5큰술
식용유 5큰술
마요네즈 적당량

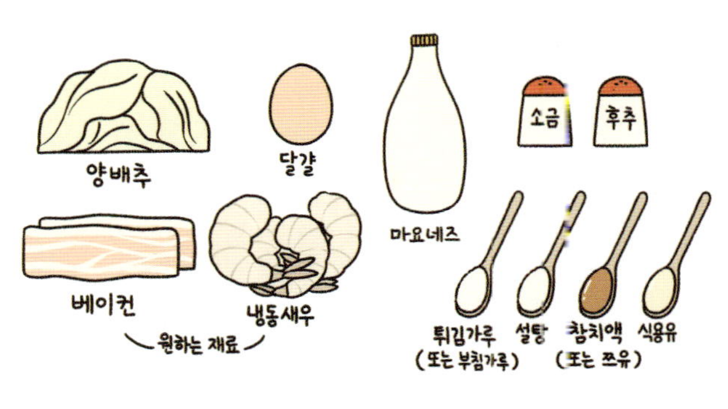

오코노미야키

베이컨 2줄과 냉동 새우 5개를
잘게 썰어 준비한다.

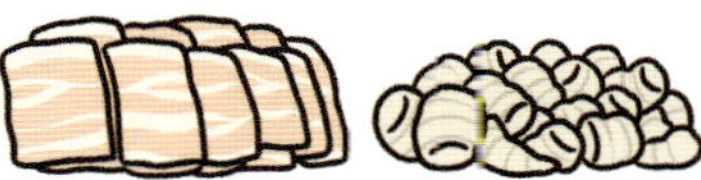

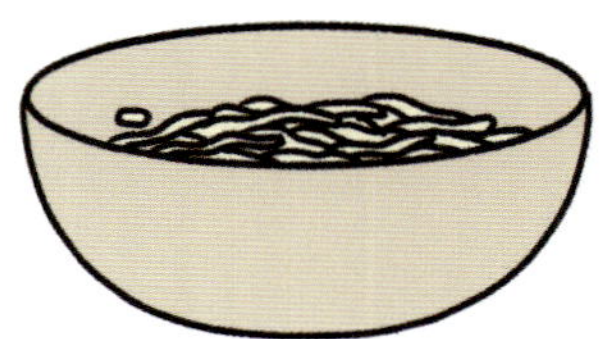

가늘게 썬 양배추에 소금 두 꼬집,
설탕 1/2작은술, 참치액 1작은술을 넣고
잠시 놔둔다.

양배추에 손질한 재료와
달걀 1개를 풀어 넣고, 후추 약간과
튀김가루 5큰술을 넣은 뒤 잘 섞는다.

식용유 5큰술을 두르고 달군 팬에
반죽을 올려 중불로 노릇하게 굽다가,
중약불로 줄여 속까지 익힌다.

소스를 바르고 마요네즈를 뿌리면 완성.

도토리대장의 레시피 소개 오코노미야키는 고등학생 때 일본어 시간에 만들어 먹은 적이 있네요. 반 친구들 모두 서너 접시씩 먹었던 기억이 납니다ㅎㅎ 양배추는 수분이 많은 야채라서 물을 넣고 구우면 반죽이 더 질어지더라고요. 그래서 양배추를 씻은 뒤에 설탕과 소금을 넣어 빠져나온 양배추의 수분으로만 만들었는데, 달걀도 들어가니 반죽 점도도 딱 맞았어요. 양배추는 충분히 잘 익으면 정말 촉촉하고 맛있는 야채이지요. 그래서 최대한 가늘게 써는 게 중요하고, 겉을 한번 바삭하게 구운 뒤 불을 줄여 지그시 익혀 줘야 양배추가 설익지 않고 맛있게 먹을 수 있습니다. 전 베이컨과 새우를 넣었지만 대패삼겹살이나 오징어, 그 외 다른 재료를 넣어 만들어도 잘 어울리고 맛있을 것 같아요. 소스는 오코노미야키소스를 써도 좋고, 돈가스소스를 발라도 좋습니다. 전 소스가 없어서 간단하게 만들어 봤는데, 이 소스도 충분히 맛있더라고요. 끓인 직후는 묽지만 살짝 식히면 끈적해집니다. 그러니 소스를 직접 만든다면 굽기 전에 미리 만들어 놔두는 게 편하겠지요?

53 크림스튜

재료

- 닭가슴살 3덩이
- 감자 2개
- 큰 양파 1개
- 당근 1개
- 소금 1작은술
- 다진 마늘 2작은술
- 후추 약간
- 밀가루 1큰술
- 다○다 1큰술
- 생크림 200~300ml
- 물 200~300ml

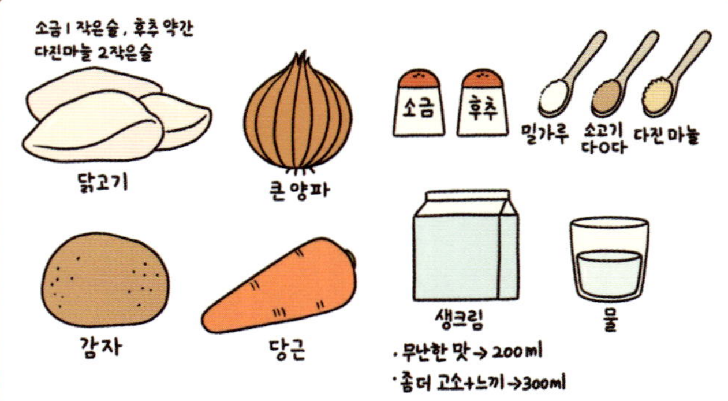

겨울에 해 먹으면
뜨끈하고 고소하니
맛있다.

소금 1작은술, 다진 마늘 2작은술,
후추 약간으로 밑간을 한
닭가슴살을 준비하고 그림 순서대로 볶다가

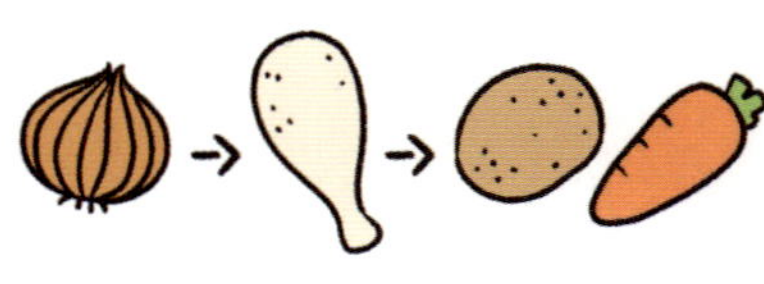

밀가루 1큰술을 넣고 볶는다.
(밀가루 생략 가능)

물과 생크림을 1:1 비율로 넣는다.
물을 넣을 때 소고기다○다 1큰술도 넣는다.

중불에 놔두고 끓기 시작하던 약불로 줄인 후
감자와 당근이 익을 때까지 끓인다.

먹기 전에 입맛에 맞게
추가로 간을 해 주면 완성.

빵에 올려 먹으면 맛있다.

남은 소스를
밥에 끼얹어 먹어도 좋다.

도토리대장의 레시피 소개 어릴 적에 보던 그림책이나 애니메이션에서 나오는 건더기가 큰 수프에 대한 로망이 있었어요. 그땐 요리 이름은 몰랐으니 그냥 따뜻한 수프를 주인공이 맛있게 먹는 장면을 보면서 나도 언젠가 꼭 저걸 먹어야지! 했던 거 같아요. 제 요리 로망의 대부분은 어릴 때 보던 그림책, 애니메이션에서 비롯된 건데, 이젠 이름도 알고 직접 해 먹을 수 있는 어른이 되었네요. 냄비에 보글보글 끓는 스튜를 주걱으로 젓다 보면 그림책 속 마녀가 생각나기도 하고요ㅎㅎ 그래서 전 크림스튜를 만들 때 항상 즐겁게 만드는 거 같아요. 여러분도 즐겁게 만들어 드셨으면 좋겠어요!

크림닭갈비

재료

- 고추장 1큰술 반
- 고춧가루 2큰술
- 설탕 1/2큰술
- 다진 마늘 1/2큰술
- 카레가루 1작은술
- 간장 2큰술
- 후추 약간
- 맛술 약간
- 닭다리살 세 덩이
- 식용유 2큰술
- 양배추 1/4통
- 대파 1/2가닥
- 생크림 200ml
- 라면사리 1개

크림닭갈비

닭갈비에 크림을 넣어 만들어 봤다.

고추장 1큰술 반, 고춧가루 2큰술,
설탕 1/2큰술, 다진 마늘 1/2큰술,
카레가루 1작은술, 간장 2큰술,
후추와 맛술 약간씩을 섞어 양념장을 만든다.
(맛술 생략 가능)

양념장에 한입 크기로 썬 닭다리살을
버무린 뒤, 15분 정도 재워 둔다.

식용유 2큰술을 두른 팬에 양념한 닭다리살,
양배추 1/4통, 대파 1/2가닥을 넣고
중불에 타지 않게 볶는다.

닭다리살이 어느 정도 익으면
생크림 200ml를 넣고 중약불에 끓인다.
가장자리가 끓기 시작하면
라면사리를 넣은 뒤, 3~4분 정도 더 끓인다.

닭다리살이 충분히 익으면 완성.

도토리대장의 레시피 소개 닭갈비 레시피에 크림을 넣어 만들어 봤는게 맛있었습니다! 전에 어디선가 이런 메뉴를 판매하는 걸 본 적이 있는데요. 어디서 파는지를 모르겠어서 직접 만들었어요. 닭갈비에 들어가는 야채는 양배추와 파를 넣었지만, 다른 좋아하는 야채가 있다면 마음껏 넣어 보세요. 전 닭갈비 하면 빨간 양념에 볶은 양배추가 떠올라서 양배추를 넣었어요. 대파도 도톰하게 썰어 넣으면 식감이 좋답니다. 수분감이 많은 야채인 경우 레시피보다 간이 연해질 수 있으니 참고해 주세요. 양념이 묻은 고기라 불이 너무 세면 안까지 잘 익지 않고 탈 수 있으니 불 조절에 즈의해야 합니다! 양념이 많이 튀는 게 번거롭다면 빠르게 볶고 불을 줄인 뒤, 뚜껑을 덮어 익히면 됩니다. 매콤하고 짭짤한 크림소스에 라면사리가 잘 어울렸어요. 닭고기만큼 라면이 맛있더라고요. 중국당면도 넣어 봤지만 라면이 정말 잘 어울린답니다! 크림을 넣지 않아도 맛있을 거 같아요. 좋아하는 재료를 넣고 푸짐하게 만들어 보세요!

소고기맛이 진하고 풍미 깊은 비프스튜

난이도 ●●●○○
성취도 ♥♡♡♡♡

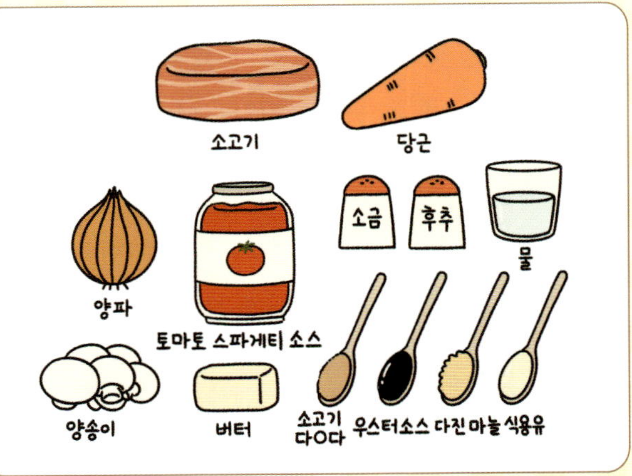

소고기를
듬뿍 넣고 만들어
진하고 든든하다.

소고기 200g을 한입 크기로 썰어
소금 1/2작은술과 후추로 간을 한다.

양파 1개, 당근 1/2개,
양송이 6개를 도톰하게 썬다.

냄비에 식용유 3큰술을 두르고
고기와 다진 마늘 1작은술을 넣어
중불에 볶다가, 고기가 노릇하게 구워지면
썰어 둔 야채를 넣고 볶는다.
양파가 살짝 반투명해지면
우스터소스 1큰술을 넣고 섞는다.

재료가 잠길 만큼의 물(약 400ml),
토마토 스파게티소스 7큰술,
우스터소스 2큰술,
소고기다○다 1작은술 반을 넣고
중약불에 계속 끓인다.
잘 섞으면서 당근이 부드러워질 때까지
중약불로 끓이다가 버터 1/2큰술을 넣는다.

국물이 졸아들고
당근이 부드럽게 익으면 완성.

도토리대장의 레시피 소개 부드러우면서 살짝 새콤한 토마토맛이 포인트가 되어 크림스튜와는 또 다른 매력이 있어요. 이 스튜의 포인트는 바로 우스터소스인데요. 만든다면 꼭 우스터소스를 넣어 보세요! 토마토소스의 감칠맛과 소고기의 부족한 맛을 보충하면서 전체적으로 맛을 잡아 줍니다. 우스터소스가 없다면 돈가스소스로도 가능해요. 하지만 우스터소스를 한 병 사 두면 많은 양에 보관성도 높아서 양식 요리할 때 두루두루 쓰기 좋습니다. 사실 토마토스튜는 단품으로 맛을 내기가 어렵더라고요. 예전부터 다양한 버전으로 만들었는데, 생토마토나 감자, 파프리카, 양배추 등 다른 야채를 추가해 봐도, 카레가루나 굴소스, 간장 같은 조미료를 넣어 봐도 썩 맛있지 않아서 어느 순간부터 만들지 않았습니다. 그런데 우연히 우스터소스를 넣었더니 제가 원하던 풍미 있는 맛이 구현되어서 놀랐어요! 처음엔 물 양이 많아 보이지만 천천히 끓이면서 수분을 충분히 날리면 걸쭉하고 진한 스튜가 됩니다. 재료를 볶을 때 밀가루를 넣으면 더 꾸덕해지지만 저는 국물을 떠먹는 스튜를 선호해서 넣지 않았으니 취향에 따라 조리해 보세요.

사이드

재료

달걀 2개
소금 한 꼬집
&1/2작은술
식용유 1큰술
토마토 1개
설탕 1/2작은술
굴소스 1/2작은술
후추 약간

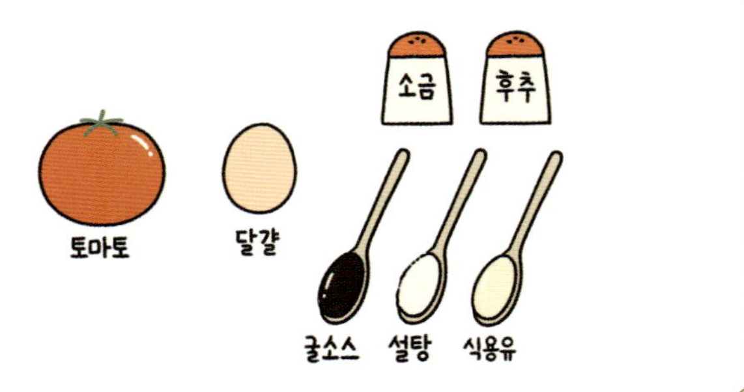

토마토달걀볶음

달걀 2개와 소금 한 꼬집을 넣고
잘 풀어 준다.

식용유 1큰술을 넣어 달군 팬에
8등분한 토마토 1개, 설탕 1/2작은술,
굴소스 1/2작은술을 넣고 토마토가
살짝 물렁해질 때까지 볶는다.

도토리대장의 레시피 소개 전에 자주 해 먹었던 토마토달걀볶음입니다!
마침 한 팔로워분이 DM으로 추천해 주셔서 오랜만에 다시 해 보았어요. 토마토는 오래 볶으면 과육이 흐물흐물해지기 때문에 빠르게 볶아서 다른 접시에 옮겨 놓는 게 좋습니다. 달걀이랑 토마토를 섞을 때 달걀이 너무 익으면 서로 겉도는 느낌이 나기 때문에, 저는 달걀이 70% 정도 익었을 때 토마토랑 섞어서 촉촉하게 먹어요. 사람마다 좋아하는 식감이나 익힌 정도가 다르므로 본인이 원하는 정도에 맞춰 조절하면 됩니다. 토마토가 흐물흐물한 게 싫다면 방울토마토로 해 보는 걸 추천합니다. 익었을 때 토마토보다 좀더 단단한 느낌이 있어서 좋답니다.

토마토마리네이드

재료

토마토 1개
양파 1/2개
설탕 1/2큰술
소금 1/2작은술
올리브유 1큰술
식초 1/2작은술
후추 약간

토마토마리네이드*

*마리네이드 : 갖가지 양념으로 조미한 액체에 식재료를 재우는 조리법.

큰 토마토 1개에 칼집을 낸다.

끓는 물에 토마토를 1분 정도 데친 뒤,
찬물에 씻는다.

도토리대장의 레시피 소개 토마토로 만든 것 중 최근 들어 가장 맛있게 먹은 요리예요. 제가 처음 본 레시피는 발사믹식초를 사용하는 버전이었지만 저는 간단하게 집에 있는 사과식초로 대체했습니다. 가볍고 괜찮더라고요ㅎㅎ 상큼하고 향이 좋아서 빵이랑 같이 먹어도 좋고, 곁들일 음식으로도 좋아요. 샐러드에 올려도 굿굿~ 전 토마토를 좋아하진 않는데 토마토로 요리를 하는 건 좋아합니다. 토마토만 단독으로 먹으면 별론데 요리를 해서 먹으면 감칠맛이 있어요ㅎㅎ 제 레시피는 한 번 해 먹기 좋은 정도의 양이므로, 더 많이 해서 병에 보관해 놓고 먹을 수도 있습니다. 더운 날씨에 차갑게 두고 먹으면 참 좋은 음식인 거 같아요. 여름이 생각나는 맛이기도 하고요. 참고로 저는 구운 빵을 2개 준비해서 하나는 차가운 버터, 다른 하나는 치즈를 올린 뒤에 마리네이드를 듬뿍 올려 먹는 걸 좋아합니다ㅎㅎ

토마토살사&치즈퀘사디아

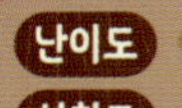

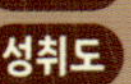

재료

토마토 1/2개
양파 1/2개
청양고추 1개
토마토 스파게티소스 2큰술
소금 두 꼬집
식초 1/2작은술
후추 약간
타임 약간
올리브 오일 1큰술
또띠아 1장
피자치즈 한 움큼
체다치즈 1장
플레인 요거트 1개

토마토살사&치즈퀘사디아

토마토와 양파를 1/2개씩 잘게 썰고
청양고추 1개를 잘게 다져 준비한다.

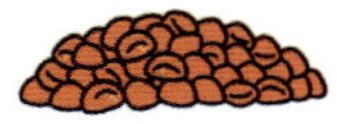

토마토 스파게티소스 2큰술, 소금 두 꼬집,
식초 1/2작은술, 후추와 타임 약간,
올리브 오일 1큰술을 그릇에 넣어 잘 섞는다.

도토리대장의 레시피 소개 시판 토마토 스파게티소스로 간단하게 만든 토마토살사예요. 아라비아따*소스로 만드니 소스 자체가 살짝 매콤해서 더 맛있는 거 같아요. 토마토소스가 없다면 케첩을 이용해도 좋습니다. 다른 레시피에서는 고수나 그 외 향신료를 넣기도 하는데요. 집에 마땅한 향신료도 없고, 가족들이 향이 진한 걸 좋아하지 않아서 집에 있던 타임을 좀 넣었어요. 양파, 청양고추, 토마토의 아삭한 식감과 매콤, 상큼한 소스가 아주 잘 어울립니다. 만든 살사로 부리또블도 만들어 먹고, 살사에 곁들여 먹을 치즈퀘사디아도 간단히 만들었는데 이 둘을 같이 먹으니 정말 맛있더라고요. 고소하고 쫀득한 치즈퀘사디아와 매콤한 살사가 잘 어울리고, 사워크림 대신 올린 플레인 요거트까지 모든 조합이 아주 잘 맞았습니다.(감동…ㅠㅠ) 풍성한 맛이 배가 되는 느낌! 다음엔 재료를 더 보충해서 제대로 만들어 보고 싶네요.

*아라비아따 : 페페론치노, 마늘 등을 넣어 매콤한 것이 특징인 토마토파스타.

59 미역된장국

미역된장국

미역 4g을 물에 불린 뒤,
가위로 잘게 자른다.

식용유 2큰술을 두른 냄비에
다진 마늘 1/2큰술을 넣고 마늘이
노릇해질 때까지 약불에 볶는다.

도토리대장의 레시피 소개 종종 국을 끓이면 부담스러울 때가 있어요. 재료도 많이 필요하고 진득하게 끓여야 하다 보니 시간도 걸리고, 한번 끓이면 등이 많아서 언제 다 먹을지 참 고민이죠. 그래도 국이랑 밥을 먹고 싶어서 간단하게 미역된장국을 끓여 봤습니다. 두세 그릇 정도 나오는 양이라 부담도 적고 맛있어요. 저는 미역국이랑 된장국을 제일 좋아하는데, 두 가지 국의 장점만 합친 느낌이었습니다. 된장을 한 번 볶아서 된장 특유의 쿰쿰한 냄새와 맛은 줄어들고, 된장 덕분에 미역의 비릿한 맛도 덜어서 좋더라고요. 된장을 볶을 때 참기름을 약간 넣는 것도 하나의 팁입니다! 조미료는 참치액이나 연○ 중 취향껏 사용하시면 됩니다. 연○를 넣으면 담백하고 깔끔한 맛이고 참치액을 넣으면 감칠맛이 살아요. 둘 다 맛있지만 저는 참치액을 넣은 게 더 취향입니다. 해조류나 해산물 베이스 국물엔 참치액이 잘 어울리더라고요. 따로 육수를 내지 않아도 맛이 깊고, 먹은 후에 든든해서 활용하기 좋은 국입니다. 10분 정도면 완성되니 간단하고요. 저처럼 미역국, 된장국 모두를 좋아하는 사람들에겐 딱 좋은 이 레시피에 도전해 보세요!

60 감자샐러드

재료

양파 1/2개
옥수수 통조림 1/2통
통조림햄 1/2통
감자 2개
소금 1큰술
설탕 1작은술
마요네즈 듬뿍
허니머스터드 1큰술
후추 약간

감자샐러드를
잔뜩 만들어
먹고 싶을 때가
종종 있다.

양파 1/2개를 잘게 다지고
옥수수 통조림 1/2통을 채에 걸러 준비한다.

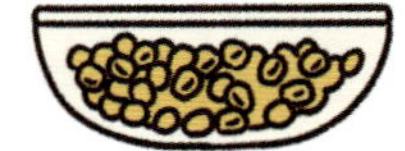

통조림 햄 1/2통을 작게 깍둑썰기해
볶거나 살짝 데쳐서 준비한다.

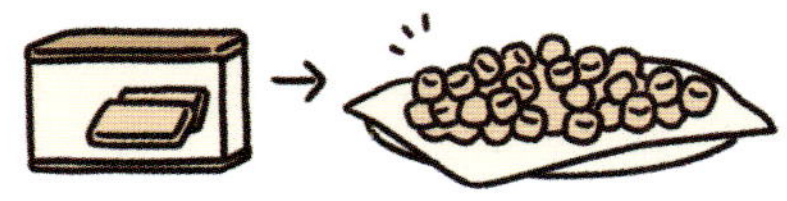

끓는 물에 소금 1큰술을 넣고
4등분한 감자를 넣은 뒤,
감자가 부드러워질 때까지 삶는다.

건져낸 감자가 뜨거울 때 다진 양파를 넣고
잘 섞은 뒤, 남은 재료를 넣는다.
이때 소금 1/2큰술과 설탕 1작은술을 넣는다.

뜨거운 김이 식으면 마요네즈를 듬뿍 넣고,
허니머스터드 1큰술을 추가하여 섞는다.
(허니머스터드 생략 가능)

간을 맞추고 후추를 약간 뿌린 뒤,
가볍게 섞으면 완성

고소하고 부드러워서
다른 음식과 곁들여 먹기에 좋다.

식빵에 넣어
샌드위치로 먹어도 맛있다.

고소하고 부드러운
감자샐러드.

도토리대장의 레시피 소개 어릴 땐 마요네즈가 들어간 샐러드를 별로 좋아하지 않았는데 어른이 되어서는 꽤 잘 먹게 됐어요. 시중에 나온 감자샐러드는 느끼하거나 단맛이 많이 나서 손이 잘 가지 않지만, 직접 만들어 먹으면 입맛에 맞게 만들 수 있으니까요ㅎㅎ 직접 만들게 된 이후로 이런 샐러드를 더 좋아하게 된 거 같아요. 마요네즈의 느끼함은 양파와 후추가 잡아 주고 옥수수가 톡톡 씹혀서 식감도 밋밋하지 않아 좋습니다. 귀찮을 때 옥수수를 생략하지만 넣는 편이 좀더 맛있더라고요! 저는 샐러드에 넣고 남은 옥수수로 옥수수수프를 만들어 먹는데요. 이건 다음에 만드는 법을 그릴까 합니다!

61 맥앤치즈

재료

베이컨 2줄
양파 1/2개
마카로니 1/2공기
버터 1큰술
밀가루 1/2큰술
우유 120ml
체다치즈 2장
소금 두 꼬집
후추 약간

맥앤치즈

느끼하지만 치즈맛이 진하고 맛있다.

베이컨 2줄을 잘게 썰고,
양파 1/2개는 잘게 다진다.

마카로니 1/2공기를
충분히 삶아 준비한다.
(약 12분 정도)

버터 1큰술과 준비한 양파, 베이컨을
중약불에 볶다가 밀가루 1/2큰술을 넣고
우유 120ml를 두세 번에 나눠 넣으며 섞는다.

체다치즈 2장을 넣고 섞은 뒤, 소금 두 꼬집,
삶아 둔 마카로니를 넣고
소스가 살짝 꾸덕해질 때까지 저으면서 끓인다.

그릇에 덜어 후추를 뿌리면 완성.

도토리대장의 레시피 소개 느끼하고 자극적이고 건강에 안 좋은 맛이지만 한번 생각나면 대체품이 없는 거 같아요ㅎㅎ 버터와 밀가루로 농도를 잡는데, 이 두 가지가 없다면 약불에 오래 졸이면서 원하는 농도로 만들면 됩니다. 그래도 버터와 밀가루를 넣는 걸 추천해요. 우유에 치즈만 넣고 해 봤는데 꾸덕한 맛보단 묽은 치즈 수프처럼 되더라고요. 치즈와 우유만 넣긴 좀 아쉬워서 양파를 잘게 다져 넣으니 더 맛있었어요. 양파가 싫다면 다진 마늘을 1/2큰술 넣어도 좋아요. 느끼하지 않고 고소하고 진한 마늘 맛이 납니다.(이것도 맛있어요!) 식으면 더 꾸덕해지기 때문에 저으면서 살짝 꾸덕해진다~ 싶으면 딱 먹기 좋은 농도가 되는 거 같아요. 물론 이건 취향 차이이니 원하는 농도로 맞춰 드세요. 맥앤치즈가 당길 때는 엄청 느끼한 게 먹고 싶을 때 먹는 거라 치즈 말고 다른 재료를 더 넣진 않았지만 매운 고추를 좀 넣으면 덜 느끼하고 맛있게 먹을 수 있어요!

62 마파가지볶음
매콤하며 짭짤한

재료

가지 1개
대파 1/2가닥
두반장 1/2큰술
굴소스 1/2큰술
설탕 1작은술
물 3큰술
후추 약간
참기름 약간
식용유 3큰술
고춧가루 1/2큰술
다진 돼지고기 30g

마파가지볶음

가지는 도톰하게 썰고 대파는 잘게 썬다.

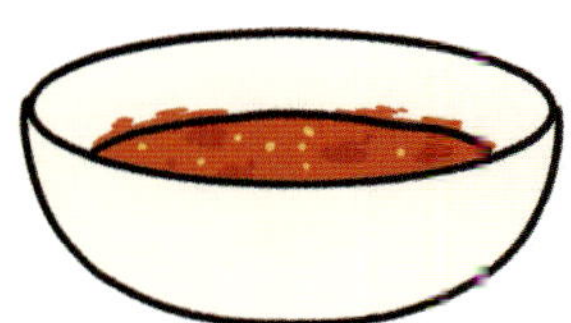

두반장 1/2큰술, 굴소스 1/2큰술,
설탕 1작은술, 물 3큰술, 후추 약간,
참기름 약간을 섞어 양념장을 만든다.

팬에 식용유 3큰술을 두르고
중불로 달군 뒤,
가지를 2분 정도 빠르게 굽는다.
그 후 기름을 더 두른 뒤 대파를 볶는다.

다진 돼지고기 30g을 넣고
고슬고슬해질 때까지 볶다가
고춧가루 1/2큰술을 넣고 1~2분 정도
빠르게 볶는다. 양념장을 넣고 살짝 졸면
구운 가지를 넣어 3분 정도 더 볶는다.

가지와 양념이
잘 섞이게 볶으면 완성.

매콤하면서도 짭짤한 고기양념과
부드러운 가지가 조화롭고 맛있다.

도토리대장의 레시피 소개 이 레시피는 고기의 양이 차이가 나도 크게 상관 없어서 특별한 계량 없이도 편하게 만들 수 있습니다. 두반장이 없으면 굴소스를 1큰술만 넣어도 됩니다. 하지만 두반장을 넣는 편이 풍미가 좀더 생겨서 맛있어요. 짠 정도는 비슷한데 사알짝 매콤한 맛을 줘서 좋더라고요. 고기나 가지에 추가로 간을 하지 않아서 많이 짜진 않지만 짭쪼름한 편이니 양념을 넣기 전에 간을 보고 물을 1/2 큰술 정도 더 넣어도 좋습니다. 혼자 먹는 거라 양을 1인분만 했지만 더 넉넉히 만들어 먹으면 근사한 요리가 되겠죠? 가지를 처음에 구울 때 많이 익히지 않고 촉촉한 식감을 살리는 게 관건입니다. 가지는 기름을 잘 흡수하는 야채이니 기름을 넉넉히 둘러야 타지 않게 구울 수 있습니다. 이 레시피대로 하면 프라이팬 하나, 접시 하나로 해결할 수 있어서 좋아요. 간단하게 반찬을 만들어 먹고 싶을 때 금방 해 먹기 좋은 요리이니 꼭 해 보세요~

재료

토마토 스파게티소스 3큰술
굴소스 1큰술
다진 마늘 1큰술
고춧가루 1작은술
설탕 1작은술
청양고추 1개
물 3큰술
후추 약간
가지 1개
소금 한 꼬집
튀김가루 2큰술
대파 1/2가닥
식용유 9큰술

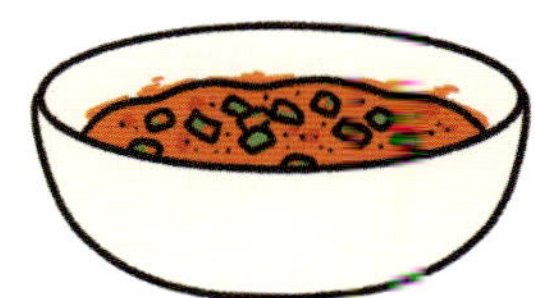

토마토 스파게티소스 3큰술, 굴소스 1큰술,
다진 마늘 1큰술, 고춧가루 1작은술, 설탕 1작은술,
물 3큰술, 후추 약간을 섞어 양념장을 만든다.
이때 청양고추 1개도 다져서 넣는다.

가지 1개를 도톰하게 썰어 소금 한 꼬집,
튀김가루 2큰술에 버무린다.

팬에 식용유 6큰술을
넉넉히 둘러 중불로 달군 뒤,
가지를 넣고 겉이 노릇해질 때까지
튀기듯 굽는다.

다른 팬이나 냄비에 식용유 3큰술을 두르고
다진 파를 볶다가 만들어 둔 양념장을 넣어
중불에 3~4분 볶는다.

튀긴 가지를 그릇에 덜고 위에 소스를 올리면 완성.

마콤하면서 달큰한 칠리소스와
겉은 바삭하고 속은 부드러운 가지가
잘 어울린다.

단독으로 먹어도 좋고 밥반찬으로도 좋다.

매콤하고 달큰하며
고소한 칠리가지.

도토리대장의 레시피 소개 매콤하고 달큰한 칠리소스와 고소하게 튀겨진 가지가 아주 잘 어울려요! 튀김옷을 입히는 건 귀찮아서 튀김가루에 버무려 주기만 했는데도 겉이 노릇하게 구워져서 좋더라고요. 가지는 기름을 정말 잘 빨아들이는 야채라서 기름을 넉넉하게 둘러 주고, 겉에 튀김가루를 묻혀서 굽는 게 요럴 땐 더 편할 거예요. 그리고 팬이 덜 달궈지면 가지가 기름만 먹고 빨리 구워지지 않아 중불~강불로 달궈서 빠르게 굽는 게 좋습니다. 도톰하게 썰어도 생각보다 금방 익기 때문에 괜찮아요. 온도는 튀김가루를 조금 뭉쳐 넣었을 때 3초 뒤에 가루 주변이 보글대면서 떠오르면 적당한 온도입니다. 칠리소스는 파를 기름에 충분히 볶은 뒤 두반장을 붓고 빠르게 완성하는 게 관건입니다. 케첩으로 만들면 아마 더 익숙한 칠리소스 맛이 날 거에요. 저는 케첩을 별로 안 좋아하기도 하고 집에 토마토 스파게티소스가 있어서 그걸로 만들어 봤습니다. 달지 않고 풍미가 좋더라고요. 이 요리를 한 번 하고 나면 집에서 묘하게 중국집 냄새가 나는데요. 역시 중식은 파기름이 다 하는 건가 봐요. 가지를 색다르게 즐기고 싶을 때 만들어 먹기 좋은 요리, 추천합니다!

재료

- 양파 1개
- 버터 2큰술
- 크○미(게살) 2~3개
- 소금 약간
- 후추 약간
- 밀가루 2큰술
- 우유 200ml
- 빵가루 적당량
- 식용유 200ml
- 달걀 1개

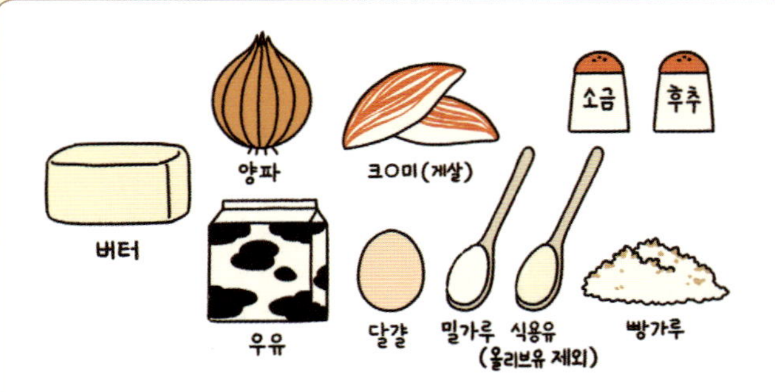

게살크림크로켓

양파 1개와 크○미 2~3개를 잘게 다진다.

버터 2큰술을 넣고 양파와 게살을 볶는다.
이때 소금 한 꼬집을 넣는다.

밀가루 2큰술을 넣고 볶다가
우유를 조금씩 전부 넣으면서 잘 풀어 준다.
이때 소금 두 꼬집과 후추 약간을 넣는다.

속재료를 냉동실에 넣어 단단하게 굳힌 뒤,
모양을 잡는다. 그 후 밀가루와 달걀물,
빵가루를 묻히는 과정을 두 번 반복한다.

팬에 식용유 200cm를 두르고
기름을 180도로 달궈 크로켓 반죽을 튀긴다.
(식용유 양은 팬에 따라, 반죽이 반쯤 잠길 정도)

겉을 노릇하게 잘 튀기면 완성.

도토리대장의 레시피 소개 이건 사실 도전요리에 가까웠어요. 튀김도 처음해 보는 조리법이라 미숙했지만 그래도 맛있어서 좋았습니다! 예전에 홍대의 한 카레 가게에서 사이드 메뉴로 시켰을 때 그 맛에 너무 감동받은 기억이 있는데요. 그 가게에 꼭 다시 가려고 마음 먹었는데 코로나가 창궐…ㅎㅎ…ㅠㅠ 그래서 한번 만들어 본 메뉴입니다. 양파를 넉넉히 넣었더니 소금을 많이 넣지 않아도 감칠맛이 있어서 신기했어요! 겉은 바삭한데 속은 촉촉한 크림이라 후루룩 먹게 되는 맛입니다ㅎㅎ 아마 지금까지 SNS에 올린 만화 중 난도가 가장 높은 요리일 것 같네요…(저에게…) 다음에 만든다면 더 잘 만들 수 있길 바라며…

치킨난반

재료

닭다리살 2~3덩이
소금 다섯 꼬집
후추 약간
다진 마늘 1/2작은술
달걀 2개
양파 1/4개
설탕 1작은술
식초 1작은술
카레가루 1/2작은술
마요네즈 4~5큰술
튀김가루 8큰술 반
물 8~9큰술
식용유 7큰술

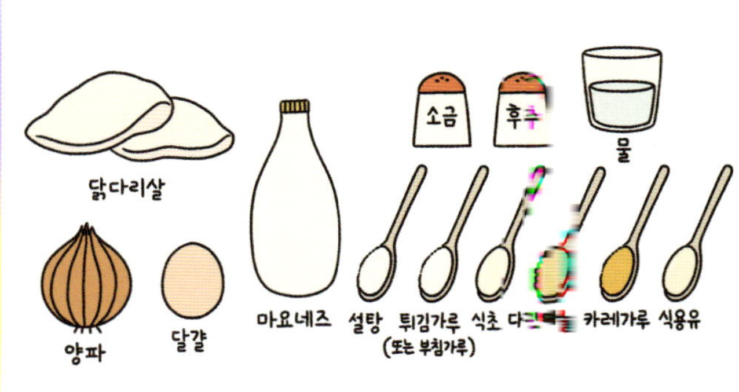

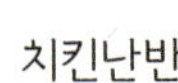

치킨난반

닭튀김에 소스를
듬뿍 얹어 촉촉하고
맛있다.

닭다리살 앞면에 소금 세 꼬집,
뒷면에 소금 두 꼬집 쓱쓱 뿌리고
후추 약간(4번 정도 톡톡)과
다진 마늘 1/2작은술을 넣어 재운다.

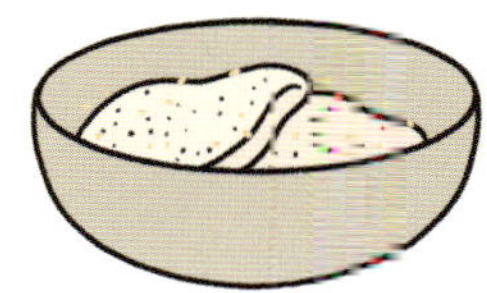

달걀 2개를 삶아 으깨고,
양파 1/4개를 다진다.
여기에 설탕 1작은술, 식초 1작은술,
카레가루 1/2작은술, 마요네즈 4~5큰술,
후추 약간을 섞어 타르타르소스를 만든다.

닭다리살에 튀김가루 2큰술 반을
양면에 골고루 뿌린다.

튀김가루 6큰술을
물 8~9큰술과 섞어 걸쭉하게 만든 뒤,
닭다리살에 반죽을 입힌다.

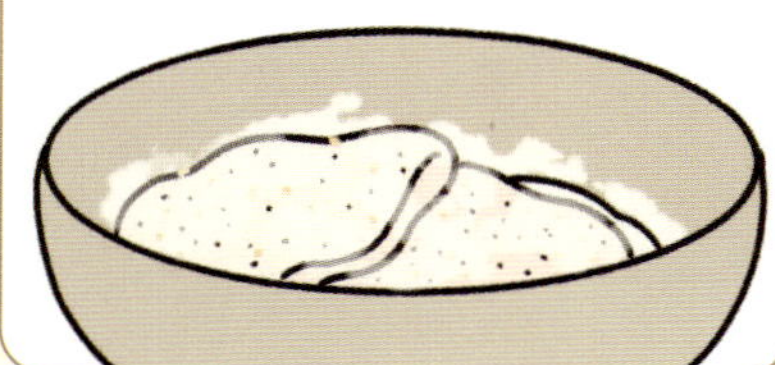

고기가 살짝 잠길 만큼 식용유 7큰술 정도를
넉넉히 둘러 달군 뒤, 중약불에 닭고기를 튀긴다.
이때, 고기가 단단해질 때까지 8~10분 정도
살살 굴리며 골고루 튀기는 게 팁!

닭튀김을 꺼내 기름을 빼고, 위에 소스를 얹으면 완성.

도토리대장의 러시피 소개 바삭하고 촉촉한 닭튀김에 달걀이 듬뿍 들어간 소스를 얹어 먹는 치킨난반! 닭다리살이 남아서 해 봤는데요, 생각보다 어렵지 않고 맛있게 먹을 수 있었어요. 저는 좀 큰 다리살을 써서 두 덩이를 만들었지만, 시중에 팩으로 나오는 보통 크기의 다리살은 세 덩이 정도 쓰면 딱 맞을 거예요. 투길 때는 다리살에 튀김옷을 충분히 입혀야 안전합니다. 닭이 익으면서 수분이나 기름이 나오는데, 튀김옷이 얇으면 그게 다 튀어나와서 기름이 많이 튀거든요. 튀김옷이 남을 경우에는 다리살에 살짝 끼얹어 더 바삭한 튀김옷을 입힐 수 있으므로, 부족하지만 않게 준비해 주세요. 요즘은 부침가루도 잘 나와 있어서 튀김가루 대신 사용해도 충분히 바삭해요. 원래 타르타르소스를 얹어 먹지만 집에 없기도 하고, 제가 시중에 파는 타르타르소스를 좋아하는 편이 아니라서 제 입맛에 맞춰 직접 만들어서 먹었어요. 고소하니 맛있었지만 과정이 불편하다면 시중에 파는 타르타르소스에 달걀과 양파를 즈가하면 됩니다! 달걀의 익힘 정도에 따라 소스의 묽기를 조절할 수 있어요. 반숙인 경우 소스가 더 촉촉하고 완숙은 더 되작하게 나옵니다. 취향에 따라 조리해 주세요.

후식 및 간식

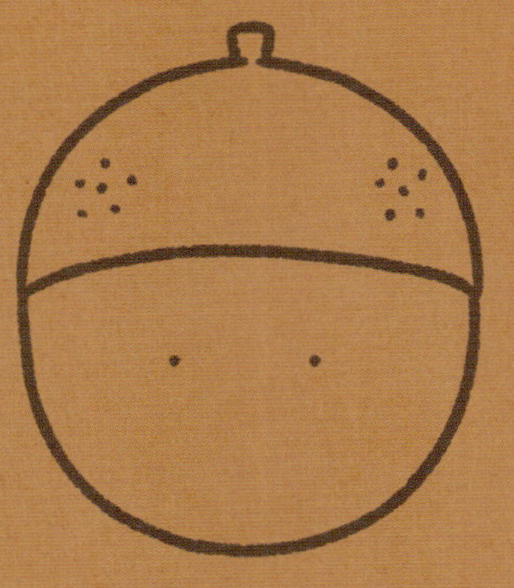

난이도
성취도

재료

초콜릿 100g
우유 200ml
코코아가루 1작은술
(무가당)
설탕 1작은술
마시멜로(기호에 따라)

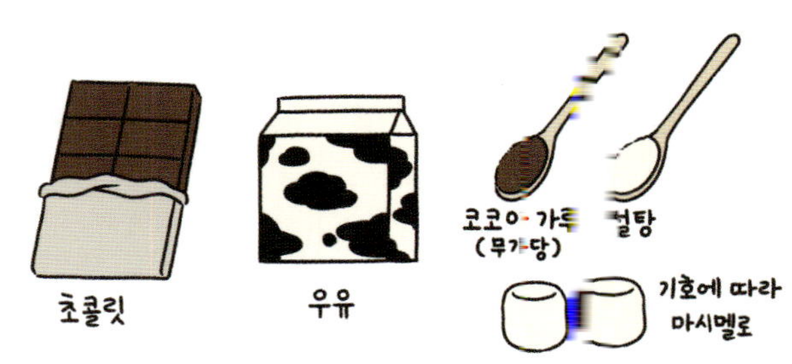

잘게 부숴 컵에 넣는다.

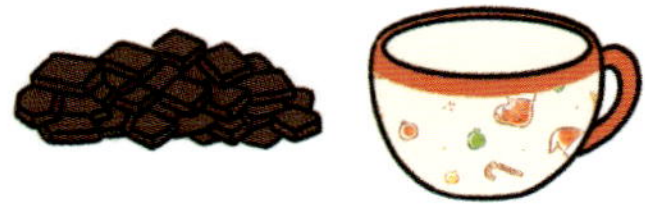

전자레인지에 넣고 40초, 20초 두 번에
나눠 돌리면서 초콜릿을 잘 섞어 준다.

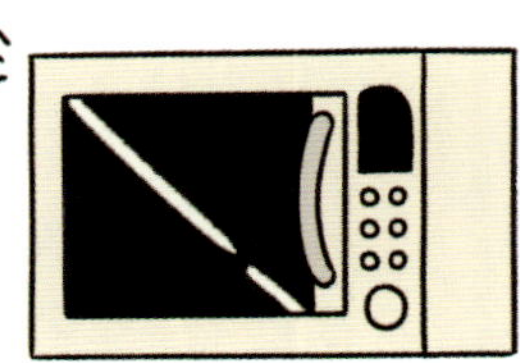

타지 않는 게 중요! 잘 섞어 녹이는 게 포인트.
(시간은 전자레인지 사양에 따라 조절)

우유 200ml 중 절반을 넣고 초콜릿과 잘 섞는다.
코코아가루와 설탕을 1작은술씩 넣고 섞은 뒤
남은 우유를 넣는다. (가당 코코아가루로 대체 가능)

1분 30초~2분 정도 전자레인지에 돌린 후
마시기 전에 잘 저어 주면 완성.

마시멜로를 넣으면
맛이 부드러워진다.

초콜릿을 더 넣어 진하게 탄 뒤
쿠키를 찍어 먹거도 맛있다.

도토리대장의 레시피 소개 추워지면 자연스럽게 핫초코가 생각나는 거 같아요. 아마 핫초코 광고의 영향도 크겠죠? 원래는 코코아가루로 타 마셨는데 카페에서 초콜릿이 들어간 핫초코를 먹어본 뒤론 집에서도 초콜릿으로 핫초코를 만들어 먹게 됐어요. 마시멜로를 넣었으면 더 좋았을 텐데 없어서 좀 아쉽습니다ㅠㅠ 기호에 따라 시나몬가루나 커피를 조금 넣으면 맛이 좀더 풍부해져서 좋습니다! 크리스마스 에 핫초코를 만들어 먹으면서 영화 <나홀로 ○에>를 봤는데 재밌더라고요. 따뜻한 핫초코와 크리스마스 영화의 조합은 최고랍니다!

한입에 쏙! 달콤바삭한
초코쿠키

재료

초콜릿 100g

밀가루 3큰술

버터 1큰술
(또는 식용유 1큰술)

설탕 2작은술

코코아가루 1작은술
(생략 가능)

1작은술

초코쿠키

초콜릿의 반을 잘게 부순 뒤
버터 1큰술을 넣는다.
(버터는 약 15g 정도로,
식용유 1큰술로 대체 가능)

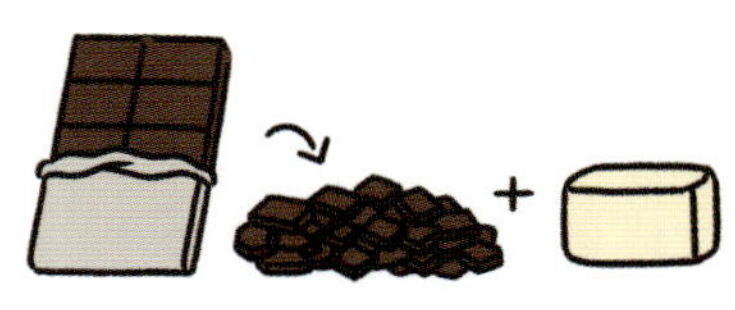

전자레인지에 40초, 20초씩 돌리며
잘 섞어 녹여 준다.

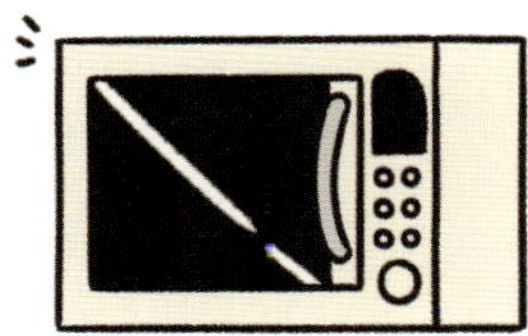

설탕 2작은술을 넣고 섞든 뒤 밀가루 3큰술,
코코아가루 1작은술을 넣고
가루가 안 보일 때까지 섞는다.

※밀가루 3큰술＝약 30g
※코코아가루 1작은술＝약 10g

반죽을 조금씩 떼어 모양을 잡아 준다.
이때, 너무 얇으면 탈 수 있으니 주의.

170도로 예열한 오븐이나
에어프라이기에 5분 정도 구워 준다.

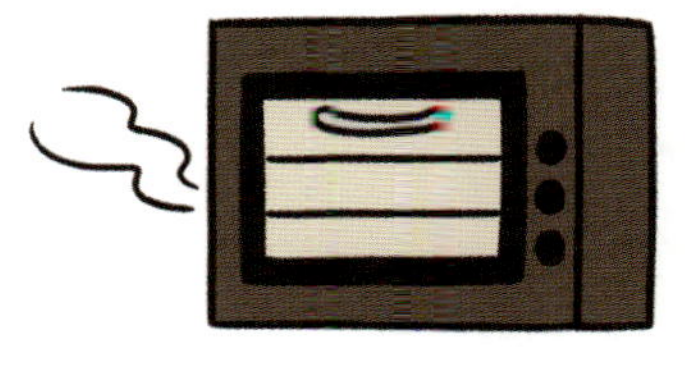

뜨거운 쿠키를
충분히 식혀 주면 완성

따뜻한 상태일 때
촉촉하고 살짝 말랑하다.

도토리대장의 레시피 소개 오븐이 생긴 뒤로 베이킹도 열심히 했는데 노력에 비해 항상 맛이 그냥 그래서 잘 안 하게 됐어요. 그러다가 이 초코쿠키를 만들고 얼마나 기뻤는지 모른답니다. 적은 노력을 들이고 큰 만족을 얻을 수 있는, 진하고 바삭한 초코쿠키예요. 베이킹은 체력과 노력, 끈기가 필요한 취미라는 걸 만들 때마다 느낍니다. 게다가 제가 지금껏 해 온 요리보다 훨씬 변수도 많고 주변 환경 영향도 많이 받아서 만들 때마다 동일한 결과물을 내기가 정말 어렵더라고요. 저도 하면서 정말 많이 망합니다ㅠㅠ 그래도 반죽을 만들고 넣어서 굽는 그 과정이 재밌기에 아직까지 포기하지 않고 계속 베이킹에 도전하고 있어요! 앞으로도 여러 가지를 도전해 보려 하니 지켜봐 주시고, 함께 만들어 보아요~

68 밀크티아이스크림

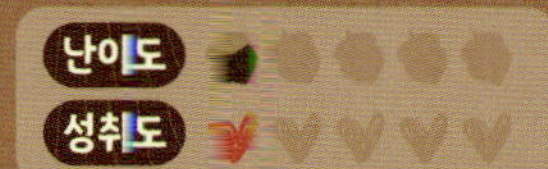

재료

우유 100ml
얼그레이 티백 2개
설탕 3큰술
무가당 생크림 150ml

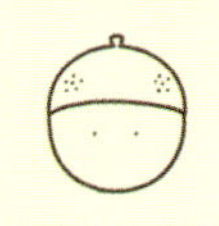

밀크티아이스크림

전자레인지에 우유 100ml를 40초 돌리고
얼그레이 티백 2개를 넣는다.

다시 전자레인지에 30초씩 2분을 돌린 뒤,
다시 설탕 3큰술을 넣고 잘 저어 식힌다.

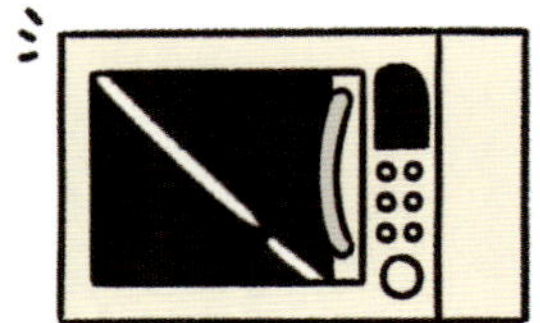

식힌 밀크티 베이스에
생크림 150ml를 넣고 잘 섞는다.

잘 섞은 내용물을
냉동실에 넣고 얼린다.

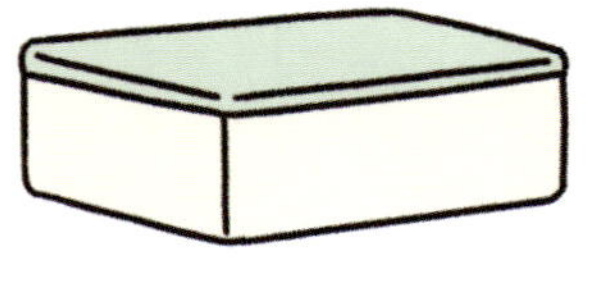

2~3시간 간격으로 꺼내서
포크로 긁어내듯이 잘 섞고
다시 냉동실에 넣는다.

이전 과정을 3~4번 정도 반복한 뒤,
아이스크림이 적당히 얼면 완성.

부드럽게 녹으면서 살짝 쫀득한
식감이 되는 것도 특징.

얼그레이 찻잎을 갈아 넣거나
깨끗하게 씻은 레몬 껍질을
조금 넣어 줘도 어울린다.

도토리대장의 레시피 소개 아이스크림을 만들어 봤어요. 밥 먹고 난 뒤에 입가심으로 먹으니 좋더라고요~ 전 집에 얼그레이만 있어서 얼그레이를 썼는데 다른 홍차 종류가 있다면 그걸 활용해도 좋을 것 같습니다. 중간에 포크로 섞는 과정이 많을수록 좀더 쫀득하고 부드러워지는데 전 귀찮아서 좀 많이 생략했답니다. 그래도 맛있었어요! 개인적으로 홍차 잎이 살짝 씹히는 걸 좋아해서, 티백 우리는 과정 중 하나는 잎 채로 넣으니 더 좋았습니다.(사실 너무 꾹꾹 눌러댄 결과로 티백이 터져서 잎이 삐져 나온 거지만요…) 사실 생크림을 휘핑크림*으로 넣으면 포크로 섞는 과정이 필요 없고 부드럽게 얼려지는데요. 전 휘핑기도 없고 귀찮아서 포크로 열심히 섞었습니다ㅎㅎ 휘핑기가 있는 분들은 휘핑기를 써 보세요. 그럼 더 부드러운 맛이 될 거예요!

*휘핑크림 : 세게 저어서 거품을 낸 크림을 말함.

69 생크림스콘
촉촉하고 고소한

재료
중력분 150g
설탕 40g
베이킹파우더 4g
소금 두 꼬집
생크림 110ml

생크림스콘

중력분 150g, 설탕 40g, 베이킹파우더 4g,
소금 두 꼬집을 한데 넣고 섞어서 준비한다.

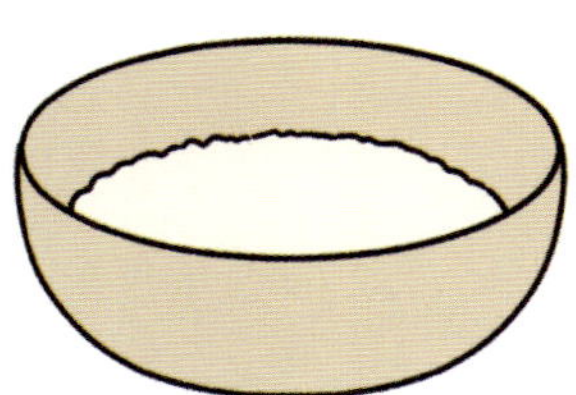

생크림 110ml를 조금씩 천천히
나눠 넣으며 포크로 섞는다.

반죽을 한 덩어리로 뭉쳐
냉장고에 10분 정도 넣어 둔 뒤, 4등분한다.

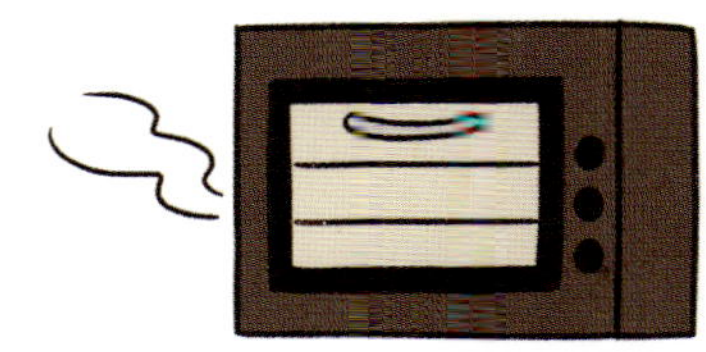

170도로 예열한 오븐에
30~35분 정도 굽는다.

겉이 노릇하게 구워지면 완성.

도토리대장의 레시피 소개 달걀과 버터 없이 만들어 본 스콘입니다. 뒤에 나올 레시피에서 달걀과 버터를 생크림으로 대체한 방식이에요. 다른 음식을 한 후에 생크림이 많이 남아서 처리용으로 해 봤는데 생각보다 괜찮았습니다. 달걀과 버터가 들어간 스콘보다 훨씬 부드럽고 촉촉하니 맛있더라고요. 담백하고 순한 맛이라 야금야금 먹기 좋고요~ 간단하게 만들어 먹기 좋은 스콘인 거 같아요. 그리고 전에 스콘을 만들 땐 박력분을 썼는데요. 중력분을 사용해도 됩니다. 박력분은 겉이 좀더 바삭해지고, 중력분은 부드러운 식감을 살려 주므로 기호에 따라 선택하면 되겠습니다. 참고로 전 두 가지를 섞어서 쓰는데요. 중력분 7: 박력분 3이 가장 취향이에요.

70 아몬드튀일

아몬드튀일

흰자를 이용해서
간단하게 쿠키를
만들어 봤다.

아몬드 한 주먹을 잘게 다진다.

버터 1큰술을 전자레인지에
30~40초 정도 돌려서
액체 상태로 준비한다.

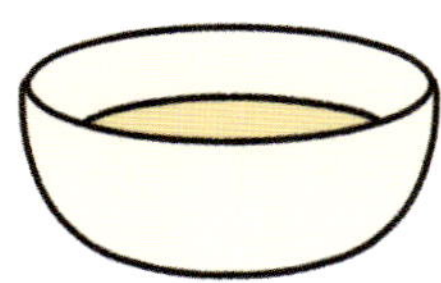

달걀 흰자어 밀가루 3큰술,
설탕 3큰술과 아몬드를 넣고 섞은 뒤,
녹인 버터를 붓고 젓는다.

반죽을 1/2큰술씩 떠서 최대한 얇게 편다.

170도로 예열한 오븐에 15분 정도
노릇하게 굽는다.

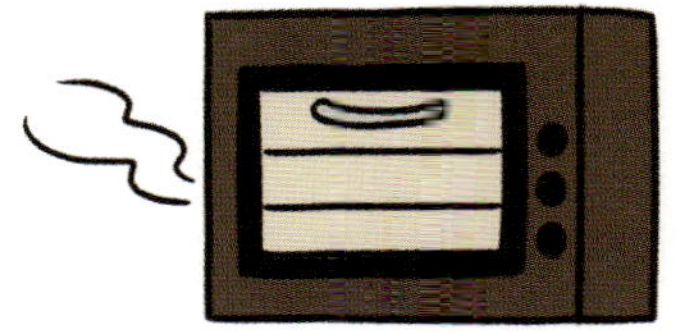

충분히 식으면 완성

도토리대장의 레시피 소개 다른 요리에서 노른자만 쓰고 난 뒤에 남은 흰자는 항상 처리가 곤란하죠. 저도 몇 번은 부쳐 먹고 몇 번은 버렸는데 아까워서 고민하다가 흰자를 이용해서 쿠키로 만들어 먹었습니다. 생각보다 간단하고 맛도 좋더라고요. 얇고 살짝 단단한데 오독오독한 식감이에요. 반죽 자체가 고소한데 아몬드까지 넣으니 고소한 풍미의 끝판왕! 전 아몬드를 다져서 넣었지만 아몬드 슬라이스를 사용하면 만들기가 훨씬 편하고 모양도 예쁘게 나올 거예요. 아몬드 대신에 깨나 코코넛을 넣어도 맛있을 거 같습니다! 코코넛튀일이나 참깨튀일로 응용해도 좋은 레시피이고, 재료를 한번에 전부 넣고 섞기만 하면 돼서 간단하게 만들 수 있지요. 버터가 없다면 식용유 1큰술로 대체해도 됩니다.(올리브유 제외) 커피와 잘 어울리고 간식으로 좋은 아몬드튀일이에요~

설탕 2큰술 반
물 4큰술
위스키 1큰술
생크림 60ml

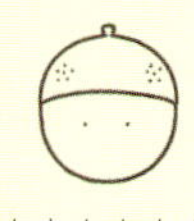

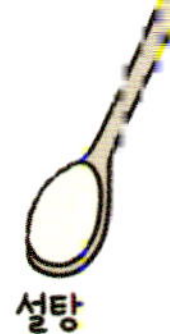

아인슈페너

설탕 2큰술 반과 물 4큰술을 팬에 넣은 후,
젓지 않고 중불에 끓인다.

전체적으로 보글보글 끓으면
위스키 1큰술을 넣고 2분 정도 더 끓인 뒤
냉장고에 넣고 식힌다.

도토리대장의 레시피 소개 종종 집에서 아인슈페너를 해 먹는데요. 제 기준에 가장 맛있는 방법이에요. 그냥 설탕만 넣고 만든 크림보다 훨씬 풍미가 있고 커피와도 잘 어울립니다. 특히 은은한 위스키 향과 크림의 우유 향이랑 합쳐지니 정말 맛있더라고요. 위스키 시럽은 젓지 않고 그냥 끓이기만 하면 되므로 생각보다 더 간단하게 만들 수 있어요. 시럽을 만들 때 도구로 저으면 시럽이 굳으니 아무것도 하지 않고 끓이기만 하면 됩니다! 게다가 1인분 시럽이라 빨리 식어서 사용하기도 편해요. 저는 짐○ 위스키를 사용했는데요. 더 좋은 위스키를 넣으면 향도 더 좋겠죠? 좋아하는 위스키로 만들어 보세요~ 커피는 인스턴트커피로도 맛있었어요. 아인슈페너용 커피는 평소 마시는 것보다 더 진하게 타야 질리지 않고 끝까지 맛있게 마실 수 있답니다. 꼭 평소보다 더 진하게! 타고, 크림은 듬뿍! 얹길 추천합니다.

부드러운 초콜릿맛이 매력적인
크림모카

재료

판 초콜릿 15~20g
커피가루 1작은술
설탕 2큰술
코코아가루 2작은술
뜨거운 물 2큰술
우유 190ml
생크림 50ml

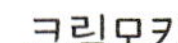

크림모카

전자레인지용 큰 컵에 초콜릿 15~20g을 잘게 썰어 넣고, 커피가루 1작은술과 설탕 1작은술, 코코아가루 2작은술을 넣는다.

뜨거운 물 2큰술을 넣고 덩어리지지 않게 잘 저어 녹인다.

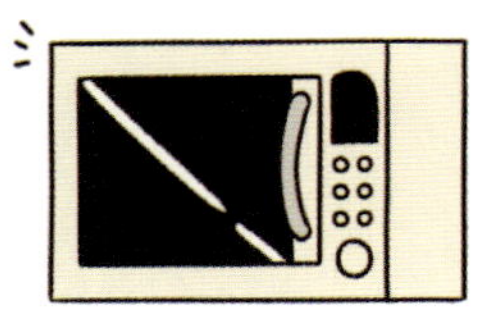

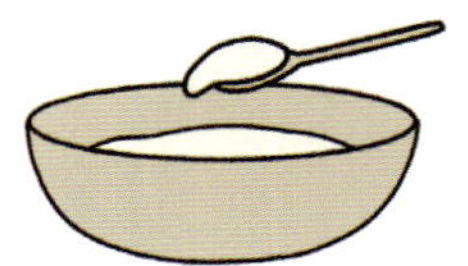

도토리대장의 레시피 소개 단 음료수를 끊은 지 꽤 되니까 시중에 파는 음료는 달고 느끼해서 못 먹게 됐어요. 그래서 단 음료를 집에서 가끔 만들어 마시는데, 그 중 하나가 크림모카입니다! 집에서도 충분히 고소하고 맛있는 크림모카를 만들 수 있더라고요. 무가당 코코아가루를 넣어 달지 않고, 초콜릿을 넣어 풍미가 깊어요. 초콜릿 음료는 진짜 초콜릿을 넣는 걸 좋아하기에 힘들어도 꼭 썰어 넣는 편입니다. 시중에 파는 초콜릿도 좋지만 커버춰 초콜릿을 넣으면 더 맛있어요. 음료는 일부러 달지 않게, 크림은 평소보다 더 달게 만들었습니다. 따뜻한 카페모카에 생크림이 녹아내려 고소하고 맛있어요. 간단하게 만들려면 초코시럽으로 대체하거나 가당 코코아파우더를 넣으면 됩니다. 음료를 더 달게 만들어도 되고요. 이 레시피는 맛이 부드러운 편이니 진한 맛을 원한다면 본인의 취향에 따라 재료의 비율을 조절해 다양한 버전으로 맛볼 수 있습니다. 초콜릿이나 코코아가루를 더 넣으면 초코맛이 진해지고, 커피를 더 넣으면 모카 특유의 향긋함이 더욱 살겠죠? 취향에 따라 만들어 보세요~

재료
딸기 10~12개
설탕 2큰술
물 6큰술
위스키 1큰술
화이트초콜릿 50g
생크림 250ml
카스텔라 1개

카스텔라
딸기
물
위스키
(생략가능)
화이트초콜릿
생크림
설탕

떠먹는
딸기케이크

화이트초콜릿을
넣으면 맛있다고 해서
도전해 봤다.

딸기를 깨끗이 씻어 키친타월로
물기를 닦고 반으로 썬다.

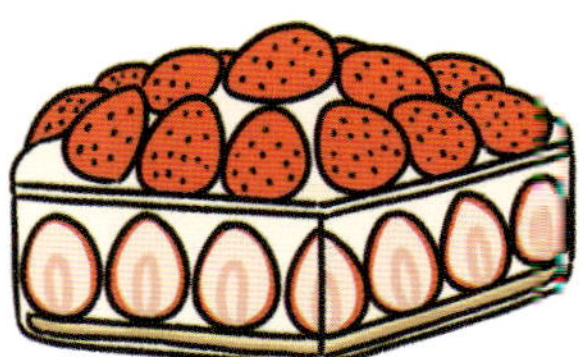

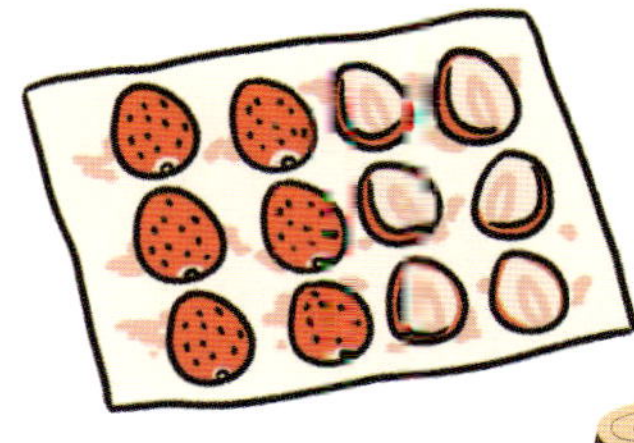

설탕 1큰술 반과 물 6큰술,
위스키 1큰술을 넣고 설탕이 녹을 때까지 끓여
시럽을 만든다.

화이트초콜릿 50g을 녹인 뒤,
생크림 250ml를 조금씩 나눠 넣으며 잘 섞고
냉장고에서 식힌다. 20분 정도 식힌 후,
설탕 1/2큰술을 넣고 휘핑한다.

카스텔라를 1cm 두께로 4등분한 뒤,
용기에 깔고 빵이 촉촉해질 정도로 시럽을 바른다.
딸기를 용기 옆면에 붙이고
크림-딸기-시트-시럽-크림 순서로 반복하며 쌓는다.

(시트 2개 사용)

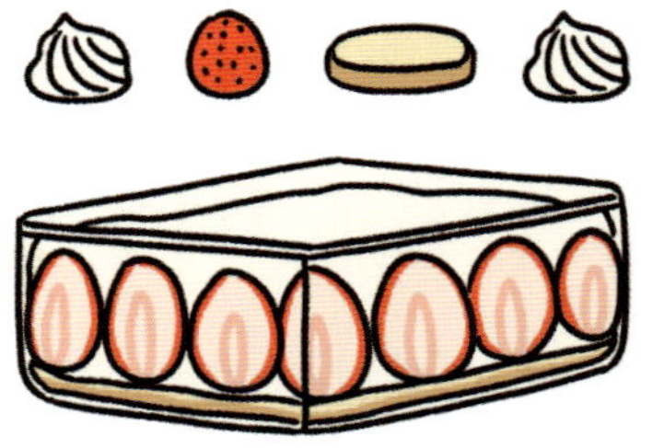

냉장고에서 1~2시간 정도 숙성하면 완성.

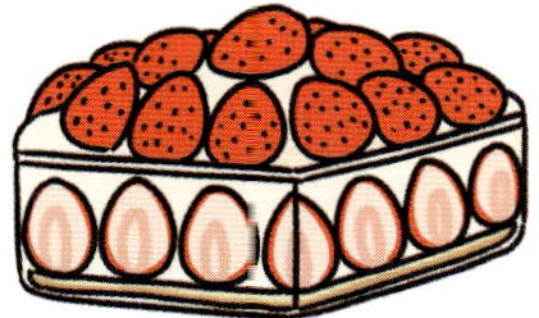

도토리대장의 레시피 소개 크리스마스나 연말, 연초에 한 번씩 케이크를 만들곤 해요. 간단하게 떠먹는 케이크를 주로 만듭니다. 그런데 맛있게 만들기가 생각보다 어렵더라고요. 생크림에 화이트초콜릿을 넣으면 맛있다길래 이번에 도전했는데, 정말이었어요! 크림 자체가 진해지면서 묵직한 풍미가 더해진 것에 은은한 화이트초콜릿맛이 상큼한 딸기와 아주 잘 어울립니다. 그렇다고 너무 느끼하지 않아서 자꾸만 먹고 싶은 맛이에요. 초콜릿과 생크림을 섞을 때 조금씩 넣으면서 골고루 섞어야 합니다. 한번에 생크림을 다 넣으면 초콜릿이 굳어서 둥둥 뜨거나 잘 섞이지 않을 수도 있고요. 너무 차가운 생크림보단 미지근하거나 시원한 정도로 맞춰서 쓰면 더 잘 섞입니다. 바닥에 굳은 초콜릿이 생긴다면 미지근한 물에 중탕하며 녹여 주면 돼요. 그리고 꼭 시럽을 쓰셔야 합니다! 전 그동안 시럽을 안 쓰다가 이번에 썼는데 이렇게 차이가 큰 줄 몰랐어요ㅠㅠ 시트가 촉촉해지면서 크림과 따로 놀지 않고 잘 섞여서 정말 맛있더라고요. 앞으로 케이크 시트엔 시럽을 필수로!

74 버터쿠키

재료

박력분 125g
베이킹파우더 2g
버터 55g
슈가파우더 55g
소금 한 꼬집
달걀 1개

버터쿠키

기본에 충실한
버터쿠키를
먹고 싶었다.

박력분 125g, 베이킹파우더 2g을
섞어 준비한다.

큰 볼에 버터 55g을
말랑한 상태로 만들어 잘 풀어준 뒤,
슈가파우더 55g, 소금 한 꼬집,
노른자 1개를 넣고 잘 섞는다.

가루류를 체에 쳐 버터가 있는 볼에 넣고
반죽을 가르듯이 넣는다.
한 덩어리로 뭉쳐 납작하게 편 뒤,
냉동실에 20분 정도 넣어 둔다.

반죽을 0.5cm 정도로 납작하게 밀고,
쿠키 틀로 찍는다.

160도로 예열한 오븐에 10분 굽는다.

노릇하게 구운 두
식히면 완성.

도토리대장의 레시피 소개 기본에 충실한 버터쿠키! 도토리 쿠키 틀을 팔길래 이번에 구매해서 사용해 봤는데 너무 귀엽더라고요~! 쿠키에 초콜릿을 바른다든지, 아이싱을 올리는 과정을 거치지 않고 바로 먹을 쿠키로 만든 거라 반죽 자체를 달콤하게 만들어 봤습니다. 식감은 살짝 포슬하면서 바삭하고, 고소하고 달콤해서 계속 집어먹게 되는 맛이랍니다. 미니 오븐이나 에어프라이기를 사용할 경우, 두 번째 판을 구울 때 시간에 유의해야 합니다. 만화 속 시간을 그대로 적용하면 쿠키가 탈 수 있어요. 두 번째, 세 번째 판으로 나눠 굽는다면 첫 번째 판을 꺼낸 후 오븐을 열어 온도를 살짝 내려 150~160도를 유지하면서 8분 정도 구우면 탈 위험이 적어집니다! 코코아가루나 녹차가루를 넣어 다른 맛을 내고 싶을 땐 밀가루 118g에 코코아가루, 녹차가루 등을 각 7g씩 넣으면 됩니다. 쿠키 틀이 없다면 소주잔에 밀가루를 살짝 묻혀 찍어도 동그랗고 귀여워요! 사실 이 쿠키는 친구들 졸업 선물로 만들어 준 쿠키입니다ㅎㅎ 열심히 만들어서 줬을 때, 다들 정말 좋아하고 맛있다고 해 줘서 뿌듯했어요. 귀여운 쿠키를 선물하면 받는 사람도 주는 사람도 기분이 좋아지는 것 같습니다~

퐁당쇼콜라

재료

초콜릿 60g
버터 25g
설탕 20g
달걀 1개
밀가루 10g
코코아가루 5g
슈가파우더 약간

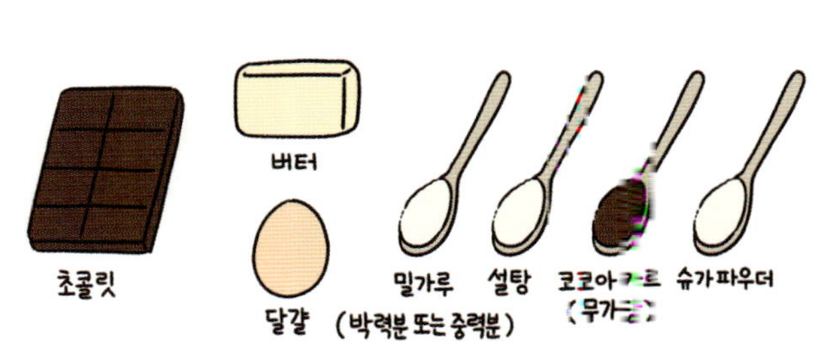

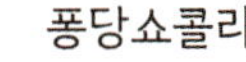

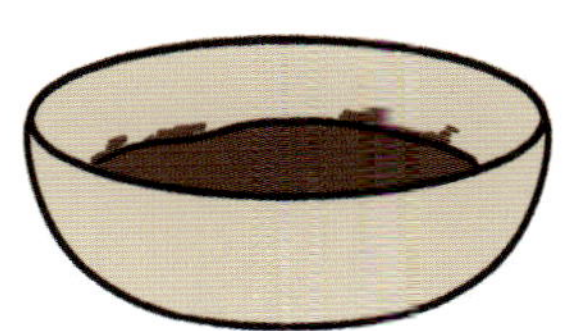

초콜릿 60g, 버터 25g을
중탕 혹은 전자레인지로 녹인다.

설탕 20g과 달걀 1개를 넣고 잘 섞는다.

밀가루 10g, 코코아가루 5g을 체에 치고
가루가 보이지 않을 때까지 섞는다.

오븐 용기에 반죽을 담아

180도로 예열한 오븐에
8~10분 정도 굽는다.

기호에 따라
슈가파우더를 뿌리면 완성.

도토리대장의 레시피 소개 제가 좋아하는 디저트 중 하나이지만 근처에 파는 곳이 없어서 직접 만들어 봤습니다. 생각보다 재료도 간단하고 있어요. 갓 구운 퐁당쇼콜라에 숟가락을 댔을 때 톡-! 터지면서 뜨끈한 초콜릿 흘러나오는 게 정말 중독성 있답니다. 겉은 바삭하고 속은 촉촉해서 다양한 식감을 즐길 수 있고요. 사실 재료나 과정은 어렵지 않은데 온도 조절과 익힘 정도를 맞추는 게 관건인 것 같아요. 180도에 10분이면 가운데에 초콜릿이 촉촉한 정도이고, 8분이면 좀더 주르륵- 흐르는 질감이 되거든요. 익힘 정도는 취향에 따라 원하는 게 다르므로 각자 조절해 주세요. 원래 단 편에 속하는 디저트이지만 다크커버춰 초콜릿을 쓰면 훨씬 덜 달고 맛있습니다. 저는 제가 가장 구하기 쉬웠던 W사의 다크커버춰 초콜릿을 사용했어요. 초콜릿이 주요 재료인 만큼 취향에 맞게 잘 고른다면 더 맛있어지겠죠? 간단하게 기분 내기 좋은 색다른 디저트이니 꼭 도전해 보세요~

재료

버터 40g
블루베리 100g
설탕 60g
레몬즙 1큰술
박력분 1/2작은술
& 80g
달걀노른자 1알
소금 한 꼬집

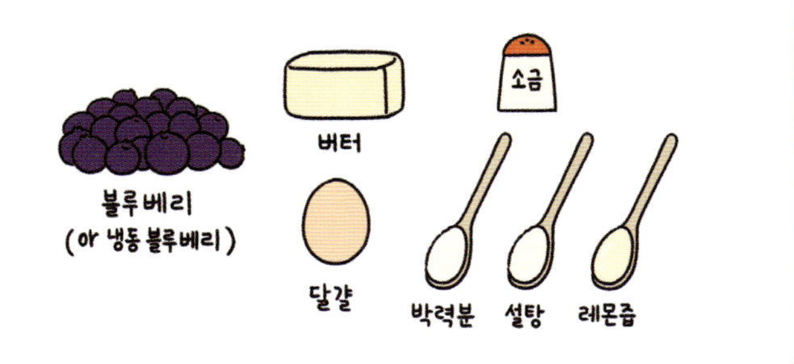

*크럼블 : 밀가루, 버터 등을 뭉쳐 만든 토핑의 한 가지.

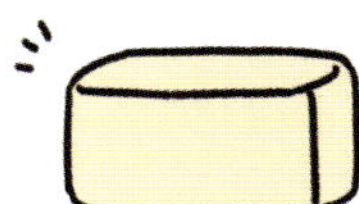

블루베리 100g에 설탕 20g, 레몬즙 1큰술,
박력분 1/2작은술을 섞는다.

말랑한 버터에 설탕 40g을 넣고 잘 풀어 준 뒤,
달걀노른자 1알, 소금 한 꼬집, 박력분 80g을
넣고 보슬보슬하게 섞는다.

내열 용기에 섞어 둔 블루베리와
크럼블을 올린다.

오븐이나 에어프라이어에
160도로 예열한 뒤, 15분 정도 굽는다.

크럼블이
노릇하게 구워지면 완성.

고소한 크럼블과
새콤달콤한 블루베리가
잘 어울린다.

따뜻할 때 아이스크림을
올려 먹으면 더 맛있다.

도토리대장의 레시피 소개 크럼블은 꾸준히 잘 나가는 디저트이면서, 최근에 유행을 타며 더 인기가 많아졌지요. 보통 크럼블바 형태로 팔지만 저는 그런 크럼블 보단 갓 구워 따뜻하고 바삭한 크럼블을 과일 콩포트와 같이 먹는 게 더 좋더라고요. 새콤달콤한 블루베리와 고소한 크럼블을 같이 먹으면 정말 행복해지는 맛이에요. 막 구운 상태로는 크럼블과 과일 사이가 축축해서 덜 익은 듯이 보이지만, 3~5분 정도 식은 뒤에 먹으면 그 경계 부분까지 보슬보슬한 상태가 됩니다. 구운 뒤에 바로 먹으면 과일 부분도 묽은 상태인데, 조금 식으면 잼처럼 약간 꾸덕해지니 취향에 따라 시간을 두고 드셔도 좋아요. 블루베리는 금방 익어서 굳이 먼저 익히지 않고 그릇에 깔아 구웠지만, 사과 같은 단단한 과일을 사용한다면 잘게 썰어서 불에 한 번 익혀 줘야 합니다. 크럼블은 따뜻할 때 아이스크림을 올려 먹으면 또 다르게 맛있답니다. 시간도 얼마 안 걸리니 후딱 만들어서 커피와 곁들이면 기분 좋은 간식 시간을 보낼 수 있을 거예요.

77 스콘

스콘

버터 50g들 잘게 자르고,
우유 35g에 달걀노른자 1알,
소금 한 꼬집을 섞어서 달걀물을 준비한다.
(모든 재료는 차갑게 준비)

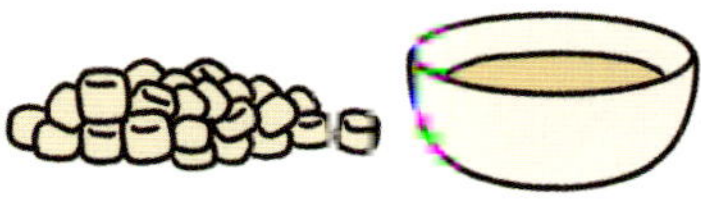

박력분 150g, 설탕 40g,
베이킹파우더 4g을 넣은 볼에
손으로 버터를 잘게 쪼개며 섞는다.

만들어 둔 달걀물을
세 번에 나눠 넣으며 섞는다.
포크로 가볍게 섞으면 더 편하다.

반죽을 한 덩어리로 뭉쳐
10분 정도 냉장했다가,
엄지 한 마디 정도의 두께로 4등분한다.

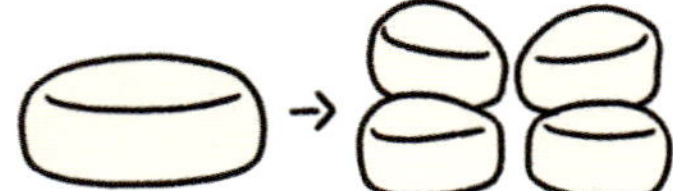

170도로 예열한 오븐에
30~35분 정도 굽는다.

전체적으로
노릇하게 구워지면 완성.

도토리대장의 레시피 소개 스콘은 베이킹을 처음 시작했을 때 만들었다가 밀가루 수수깡이 되어 버려서 한동안 도전을 안 했는데요. 최근엔 여러 번 성공해서 자주 만들어 먹고 있답니다. 전 간식용으로 만드는 편인데 잼을 잘 구비하지 않아서 반죽 자체를 좀 달게 해서 구워 먹고 있어요. 담백한 맛이 좋다면 설탕을 10g 정도 줄여도 괜찮을 거 같습니다! 혹시 <꼬마 마법사 레미 ○르테>를 아시나요? 이 시리즈에서 레미와 친구들이 제과점을 운영하고, 파티셰 시험을 보며 견습 미녀로 생활하는데요. 어느 에피소드에서 시험 과제로 스콘이 나왔거든요. 그 당시에는 스콘을 파는 곳이 별로 없어서 무슨 맛인지도 모른 채 상상하며 언젠가 스콘을 먹어 보리라 결심했었는데, 이젠 꽤 대중적인 제과 중 하나가 되었네요ㅎㅎ

재료

달걀노른자 2알
밀가루 2큰술
설탕 4큰술
바닐라 아이스크림 1큰술
우유 250ml
생크림 200ml
시판용 달걀과자 1봉지
바나나 2개

바나나푸딩

바나나와 크림,
촉촉해진 과자의
조합이 좋다.

달걀노른자 2알, 밀가루 2큰술, 설탕 2큰술,
바닐라 아이스크림 1큰술, 우유 250ml를
넣고 덩어리지지 않게 섞는다.

전자레인지에 40초-40초-30초로
나눠 돌리면서 중간중간 골고루 섞는다.
크림이 걸쭉해지면 냉장고에 넣고 식힌다.

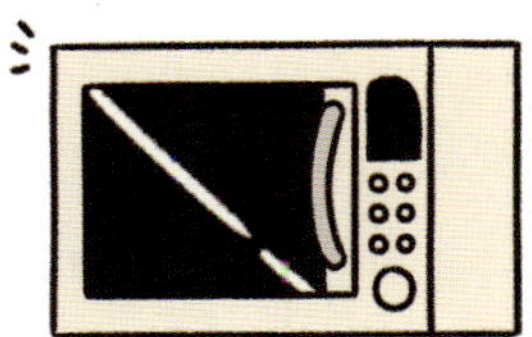

생크림 200ml에 설탕 2큰술을 넣어 휘핑한 뒤,
식은 크림에 휘핑한 생크림을
나눠 넣으며 부드럽게 섞는다.

크림에 시판용 달걀과자 1봉지와
잘게 썬 바나나 2개를 넣고 잘 섞는다.

용기에 옮겨 담아
냉장고에 넣어 둔다.

2시간 정도 숙성하면 완성.
이때, 숙성할수록 맛있다.

바나나가 향긋하고
과자가 부드러워서 폭신하고 맛있다.

다른 과일을 넣어도 상큼하니 좋다.

도토리대장의 레시피 소개 바나나푸딩을 처음 알았을 땐 이게 푸딩이 맞나 싶었지만, 유명하기도 하고 주변에 파는 곳이 없어서 직접 만들어 먹다 보니 보통의 찰랑거리는 푸딩만큼 맛있더라고요! 냉장고에서 숙성한 뒤 크림에 촉촉해진 과자랑 바나나를 함께 먹으면 부드럽고 맛있어요. 숙성이 좀 되어야 맛있기 때문에 최소한 1~2시간 이상은 숙성시키는 걸 추천합니다.(3시간 이상 숙성이 좋아요!) 예전부터 커스터드 크림을 자주 도전해 봤는데 이게 은근히 만들기가 까다롭습니다. 네 번 시도하면 세 번은 계란떡을 만든 기억이 나네요ㅎㅎ 하지만 이젠 꽤 능숙하게 잘 만든답니다! 팬으로 해도 좋지만 전자레인지로 간단하게 만들어 먹기 좋아요. 전자레인지에 세 번 나눠 돌릴 때마다 크림을 전체적으로 골고루 잘 섞어야 덩어리지지 않고 부드러운 질감이 됩니다! 덩어리지거나 입자가 곱지 못하다면 체에 내려 사용하면 돼요.

79 레몬얼그레이케이크

레몬 1개
슈가파우더 3큰술
생크림 130ml
달걀 1개
설탕 80g
소금 한 꼬집
얼그레이 티백 1개
박력분 160g
베이킹파우더 5g
식용유 1작은술

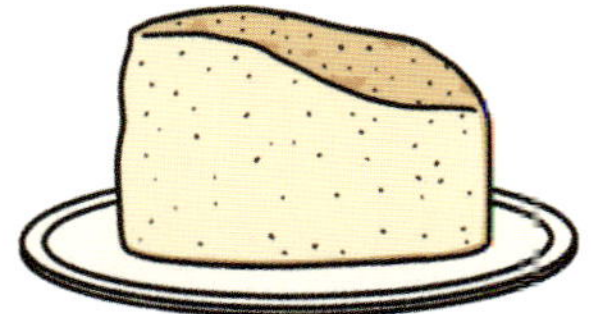
레몬얼그레이케이크

생크림과 레몬,
얼그레이를 이용해
케이크를 구웠다.

얼그레이 티백 1개 분량의 찻잎을 곱게 간다.

깨끗이 씻은 레몬 껍질 제스트*)을
갈아서 준비한다.

*제스트 : 요리에 풍미를 더하기 위해 사용하는 껍질의 통칭.
주로 오렌지, 레몬 등의 껍질을 세척한 후 그라인더로 갈거나 잘게 다져서 사용한다.

레몬 1개의 즙에
슈가파우더 3큰술을 넣고 잘 섞는다.
(레몬시럽 완성!)

생크림 130ml, 달걀 1개,
설탕 80g, 소금 한 꼬집, 레몬 껍질,
얼그레이 찻잎을 넣고 잘 섞는다.

박력분 160g과 베이킹파우더 5g을 체에 쳐
반죽에 넣고 가루가 보이지 않을 정도로
가볍게 섞는다.

식용유 1작은술을 골고루 바른 팬에
반죽을 붓고 170도 예열한 오븐에
35분 정도 굽는다.(대략 케이크가 익을 때까지)

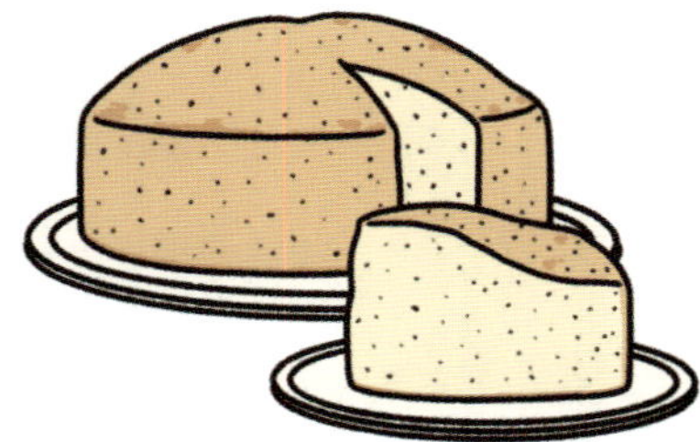

케이크 겉부분에
레몬시럽 전부를 뿌리면 완성.

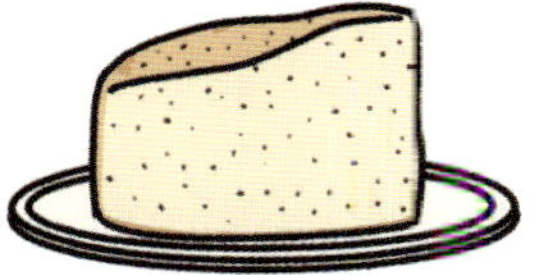

도토리대장의 레시피 소개 버터 없이 간단하게 만들 수 있는 레몬얼그레이 케이크입니다. 일종의 파운드케이크인데, 생크림을 넣어 만드니까 케이크가 폭신하고 촉촉하니 맛있어요! 재료를 한번에 넣고 섞으면 되는 간단한 방법과 과정으로 만든 것 치고는 결과물이 아주 좋습니다! 달걀은 큰 거 1개만 써도 충분해요. 왕란으로 만드는 걸 추천합니다. 앞으로 케이크는 이 레시피로 만들려고 합니다. 생크림을 넣어 촉촉한 파운드케이크에 레몬과 얼그레이를 넣으니 향긋하고 풍미가 좋았어요. 자칫 밋밋해질 수 있는 케이크에 포인트가 되어서 질리지 않고 먹을 수 있답니다. 레몬시럽은 만들 때 맛을 보면서 원하는 당도로 맞춰 주세요. 저는 상큼한 맛이 강한 걸 좋아해서 설탕을 약간 적게 넣었습니다. 시럽이 안쪽까지 스며들길 원한다면 케이크가 살짝 식은 후에 포크로 겉을 찌른 뒤, 시럽을 세 번 정도 나눠서 부으면 됩니다. 레몬과 얼그레이를 빼면 평범한 파운드케이크 레시피가 되므로 여러 방법으로 응용해도 좋을 거 같아요. 저도 이 레시피를 응용해 당근케이크를 만들었거든요. 여러분도 좋아하는 재료와 방식으로 다양한 케이크를 만들어 보세요~

80 초코머드파이

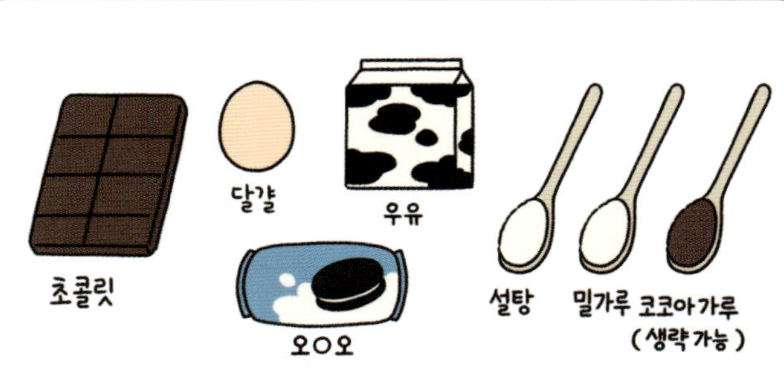

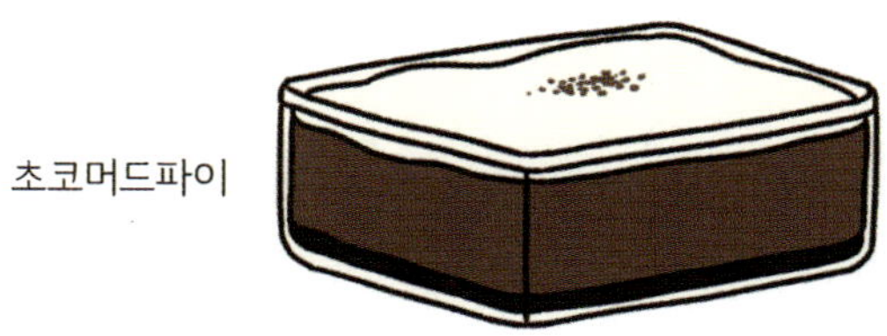
초코머드파이

초콜릿과
오오오를 넣어서
꾸덕하다.

오오오 1통의 쿠키 부분만 잘게 부순 뒤,
우유 2큰술을 넣고 섞어 용기에 얕게 깐다.

달걀노른자 2알과 밀가루 2큰술 반,
설탕 2큰술 반, 코코아가루 1큰술을 넣고 섞다가
우유 300ml를 넣고 잘 풀어 준다.

전자레인지에 ⃝초, 분, 20초
세 단계로 나눠 돌리며
걸쭉해질 때까지 골고루 섞는다.

뜨거울 때 초콜릿 70g을 넣고
전부 녹을 때까지 잘 젓는다.

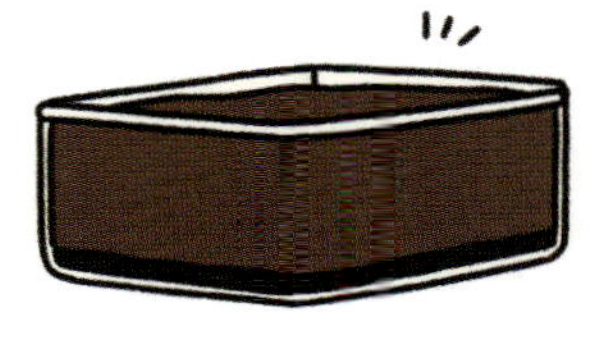

오오오를 깔아 둔 용기에 반죽을 붓고
냉장고에서 충분히 식힌다.

기호에 따라
생크림을 올리면 완성.

도토리대장의 레시피 소개 달콤한 무언가나 진한 초코가 당길때 해 먹으면 딱 좋은 디저트입니다. 만들어 봤던 디저트 중에 제일 단 것 같아요. 자주 해 먹진 않지만 당 충전에 이것만큼 좋은 것도 없더라고요ㅎㅎ 초콜릿을 가득 넣은 초코머드와 우유에 촉촉해진 오ㅇ오가 꾸덕해서 맛있어요! 오ㅇ오의 바삭한 식감을 좋아한다면 녹인 버터 1~2큰술 정도 넣고 냉장고에 살짝 굳혔다 쓰면 됩니다. 저는 간단하게 용기를 썼지만 파이, 타르트 틀에 오ㅇ오를 깔고 모양을 잡아 주면 완성품이 예뻐서 먹는 맛이 더 있는 것 같아요. 코코아가루가 없다면 초콜릿을 10g 정도 더 넣어 주세요. 생략해도 되지만 코코아가루가 없으면 초코 특유의 깊은 맛이 빠진 느낌이라 좀 심심하더라고요. 그리고 코코아파우더가 있다면 꼭 넣어 주세요. 생크림도 기호에 따라 올리지 않아도 큰 상관은 없지만 올린 게 더 맛이 풍부하므로 추천합니다! 촉촉한 오ㅇ오와 꾸덕한 초코머드, 부드러운 생크림을 한입에 넣으면 진짜 행복하더라고요…(흐뭇) 영화나 애니를 보거나 혹은 그냥 멍때리면서 퍼먹기 좋은 디저트입니다.

제9장
요리를 끝내며

나를 위한 한끼

일상을 정신없이
지내다 보면

1:00

온전히 나에게 집중해서
식사를 하는 시간이 드물다.

배만 채우면 되니까
아무거나 먹게 되고

빨리 먹거나 대충 때우니
맛도 대충 느껴진다.

그래서 하루에 한 번 정도는
나를 위해 정성스레
요리해서 먹는 편이다.

시간은 더 걸릴지라도
요리에 집중하다 보면
잡생각이 사라지고

보글
보글

요리가 만들어지는
과정을 온전히 즐길 수
있어서 재미있다.

보글 보글

정성스럽게 만든
요리를 한입 먹으면

아~

괜히 위로를 받는
기분이 든다.

남 눈치볼 필요 없이
내가 먹고 싶은 걸
먹으면 되고
오늘은 새우를
넉넉하게
넣어야지!

재료 선정부터 조리,
모든 과정을 홀로
오롯이 진행하기 때문에

바쁜 일상 속에서
스스로에게 집중할 수 있는
몇 안 되는 시간이기도 하다.
나를 위한
특제볶음우동~

그리고 요리하면서
내가 좋아하는 요리와 궁금했던 요리 등을
실제로 해 먹어 보는 게 하나씩 늘어나
나만의 레시피가
모이는 것도 참 재미있다.

바쁜 일상 속에서도
나를 잘 보살피기 위해서
오늘도 나에게
근사하고 맛있는 한 끼를
대접한다.
치이익~

으늘도
맛있는 하루 되세요!

새로운 재료

난 자취를 할 때
새로운 재료에
많이 도전해 보았다.

매번 비슷하게 먹게 되니
금방 질리기도 했고

집에 당연하게 있던 식재료가
없으니 스스로 찾아서
사 먹어야 했기 때문이다.
텅~
먹을 게
없잖아?

야채는 버섯, 가지,
토마토, 양배추 등의
보관성이 괜찮으면서
쓰레기가 많이 나오지 않는
야채를 주로 사 먹었는데

그중 잘 먹지 않거나
선호하지 않는
야채도 많아서

맛있게 먹기 위해
다양하게 요리했다.
바짝
볶아 볼까?
달그락

집에서 해 보지 못한
조리법을 시도하거나
다양한 조미료를 넣어
어떤 게 잘 어울리는지
찾아봤는데

그 과정이 참 재밌었다.

항상 익숙한 것만 먹다가 새로운 재료를 쓰기 시작하니
지루하지 않고 다양한 맛을 즐길 수 있어서 좋았다.
그러면서 낯설던 채소도 좋아하게 되었고 취향이 다채로워졌다.
가지튀김
가지라자냐
그러다 보면 재료를 다루는 게 더 능숙해지고 재료의 특성도 잘 알게 되면서 요리도 재밌어진다.
양파는 자연스러운 달큰함이 좋고
토마토로 요리하면 감칠맛이 좋아져!
맛있는 게 짱 많아!
시도하지 않았다면 다른 맛을 모르고 살았을 테니 얼마나 다행인지.
지금도 새로운 재료나 선호하지 않는 재료로 시도해 보는 편이다.
파프리카로 수프를 끓이면…?
새로운 맛을 경험하는 건 언제나 재미있다.
이번엔 토마토카레로 만들어 먹어 볼까?
탁탁

ㄱㄴㄷ 요리찾기

CLOSED

하루요리

ⓒ도토리대장 2023

초판 인쇄 : 2023년 12월 1일
초판 발행 : 2023년 12월 15일

지 은 이 : 도토리대장
편　　　집 : 천강원, 딤지나, 김도운, 김동주, 윤혜인
디 자 인 : 이종건, 신다님, 최은정

펴 낸 이 : 황남용
펴 낸 곳 : ㈜ 재담미디어
출판 등록 : 제2014-000179호
주　　　소 : 04035 서울특별시 마포구 월드컵로 8길, 48
전 자 우 편 : books@ aedam.com
홈 페 이 지 : www.jaedam.com

인쇄·제본 : ㈜ 코리아피앤피
유통·마케팅 : ㈜ 런닝툰
전　　　화 : 031-943-1655~6(구매 문의)
팩　　　스 : 031-943-1674(구매 문의)

ISBN : 979-11-275-4977-0 (13590)

요리 끝!